粉匠

曹保明　著

中国文史出版社

图书在版编目（CIP）数据

粉匠／曹保明著. -- 北京：中国文史出版社，
2021.8
ISBN 978 - 7 - 5205 - 3118 - 4

Ⅰ. ①粉… Ⅱ. ①曹… Ⅲ. ①粉丝 - 食品加工 - 手工
艺 - 介绍 - 吉林②粉丝 - 食品加工 - 手工业工人 - 介绍 -
吉林 Ⅳ. ①TS236.5②K828.1

中国版本图书馆 CIP 数据核字（2021）第 165860 号

责任编辑：金硕　胡福星

出版发行：中国文史出版社
社　　址：北京市海淀区西八里庄路 69 号院　　邮编：100142
电　　话：010 - 81136606　81136602　81136603　81136605（发行部）
传　　真：010 - 81136655
印　　装：北京温林源印刷有限公司
经　　销：全国新华书店
开　　本：660×950　1/16
印　　张：12
字　　数：120 千字
版　　次：2022 年 1 月北京第 1 版
印　　次：2022 年 1 月第 1 次印刷
定　　价：48.00 元

心怀东北大地的文化人

——曹保明全集序

二十余年来，在投入民间文化抢救的仁人志士中，有一位与我的关系特殊，他便是曹保明先生。这里所谓的特殊，源自他身上具有我们共同的文学写作的气质。最早，我就是从保明大量的相关东北民间充满传奇色彩的写作中，认识了他。我惊讶于他对东北那片辽阔的土地的熟稔。他笔下，无论是渔猎部落、木帮、马贼或妓院史，还是土匪、淘金汉、猎手、马帮、盐帮、粉匠、皮匠、挖参人，等等，全都神采十足地跃然笔下；各种行规、行话、黑话、隐语，也鲜活地出没在他的字里行间。东北大地独特的乡土风习，他无所不知，而且凿凿可信。由此可知他学识功底的深厚。然而，他与其他文化学者明显之所不同，不急于著书立说，而是致力于对地域文化原生态的保存。保存原生态就是保存住历史的真实。他正是从这一宗旨出发确定了自己十分独特的治学方式和写作方式。

首先，他更像一位人类学家，把田野工作放在第一位。多年里，我与他用手机通话时，他不是在长白山里、松花江畔，就是在某一个荒山野岭冰封雪裹的小山村里。这常常使我感动。可是民间文化就在民间。文化需要你到文化里边去感受和体验，而不是游客一般看一眼就走，然后跑回书斋里隔空议论，指手画脚。所以，他的田野工作，从来不是把民间百姓当作索取资料的对象，而是视作朋友亲人。他喜欢与老乡一同喝着大酒、促膝闲话，用心学习，刨根问底，这是他的工作方式乃至于生活方式。正为此，装在他心里的民间文化，全是饱满而真切的血肉，还有要紧的细节、精髓与神韵。在我写这篇文章时，忽然想起一件事要向他求证，一打电话，他人正在遥远的延边。他前不久摔伤了腰，卧床许久，才刚恢复，此时天已寒凉，依旧跑出去了。如今，保明已过七十岁。他的一生在田野的时间更多，还是在城中的时间更多？有谁还像保明如此看重田野、热衷田野、融入田野？心不在田野，谈何民间文化？

更重要的是他的写作方式。

他采用近于人类学访谈的方式，他以尊重生活和忠于生活的写作原则，确保笔下每一个独特的风俗细节或每一句方言俚语的准确性。这种准确性保证了他写作文本的历史价值与文化价值。至于他书中那些神乎其神的人物与故事，并非他的杜撰；全是口述实录的民间传奇。

由于他天性具有文学气质，倾心于历史情景的再现和事物的形象描述，可是他的描述绝不是他想当然的创作，而全部来自口述者的亲口叙述。这种写法便与一般人类学访谈截然不同。他的写作富于一种感性的魅力。为此，他的作品拥有大量的读者。

作家与纯粹的学者不同，作家更感性，更关注民间的情感：人的情感与生活的情感。这种情感对于拥有作家气质的曹保明来说，像一种磁场，具有强劲的文化吸引力与写作的驱动力。因使他数十年如一日，始终奔走于田野和山川大地之间，始终笔耕不辍，从不停歇地要把这些热乎乎感动着他的民间的生灵万物记录于纸，永存于世。

二十年前，当我们举行历史上空前的地毯式的民间文化遗产抢救时，我有幸结识到他。应该说，他所从事的工作，他所热衷的田野调查，他极具个人特点的写作方式，本来就具有抢救的意义，现在又适逢其时。当时，曹保明任职中国民协的副主席，东北地区的抢救工程的重任就落在他的肩上。由于有这样一位有情有义、真干实干、敢挑重担的学者，使我们对东北地区的工作感到了心里踏实和分外放心。东北众多民间文化遗产也因保明及诸位仁人志士的共同努力，得到了抢救和保护。此乃幸事！

如今，他个人一生的作品也以全集的形式出版，居然洋洋百册。花开之日好，竟是百花鲜。由此使我们见识到这位卓尔不群的学者一生的努力和努力的一生。在这浩繁的著作中，还叫我看到一个真正的文化人一生深深而清晰的足迹，坚守的理想，以及高尚的情怀。一个当之无愧的东北文化的守护者与传承者，一个心怀东北大地的文化人！

当保明全集出版之日，谨以此文，表示祝贺，表达敬意，且为序焉。

冯骥才

2020. 10. 20

天津

水中取财

有一种东西，世世代代在人们的生活里，人们看它，是那么美；吃着，滑软可口，看着，非常顺眼，这就是粉，一种食物。人们通常叫它粉条。而粉匠的手艺，它的来历很古老，更是一种直接产生于生活中的手艺，使这种手艺的人，叫粉匠。这种手艺让人感到亲切。

勤劳的人称这行当是"水中取财"，其实，这水中取财的工种也包含着鲜明的总结性，一个是制作的规律性，一个是民俗的概括性，它把人生活中的一种理念表述出来了，而且很形象。形象使人产生联想，形象的比喻，更易使人去接受，这甚至使人将一个"工种"变成了对自己前途的祝福。所以，粉匠的名字起得好，我们就要跟着去"水中取财"。

当然，水中取财的行当还有捕鱼、做豆腐等，可是只有粉匠最为贴切，并且做粉过程也细腻和新鲜，它综合了民间的多个工种，如石匠、木匠，等等。但最后粉是如何出手的呢？又有许多故事。

粉条，有许多故事，今天我讲述一个老粉匠的故事，也是一个传奇的故事。他的一生，九死一生，而且这个粉匠的故事，一下子牵出东北大地上另一种"奇特"的故事，所以，它是奇特的故事中的故事。

目录 Contents

第一章 粉作坊源流

一、粉作坊规俗

秋天，北方的田野地了场光时，东北屯子里的老粉坊也该漏粉了。这是一种热闹非凡的事，要由粉坊主邀请粉匠们来做。

这样的光景中，农村人对漏粉有一种神奇的感受，粉作坊成了一个人人想去的去处，连猫儿狗儿也愿意钻进去凑热闹，因粉作坊里暖和，外面冰天雪地，于是那烧火的、提水的在烟雾气里穿行，脚时不时地踩上猫狗，于是大骂："出去！黑子！跟头绊脚的……"于是猫或狗便不情愿地乖乖溜出去了。

在黑夜里，粉作坊的马灯发出通亮的光，一开门的工夫，白汽从房子里涌出来，飘向漆黑寒冷的夜空。那却是吸引人的信号。

孩子们看着粉作坊里飘白汽，大喊："走哇！吃粉居子去……"

于是，小孩们一窝蜂涌进粉作坊讨粉居子吃。

这粉居子也是漏粉的粉匠们自己随时不断地"打牙"的好东西。就像种地的吃自己地里的瓜菜一样，方便随意。往往是从和好的面子里揪一块，裹在一根苞米秆或高粱秆子上，然后伸进烧得火红的灶坑里去烤，直到烤得青秆上的粉皮焦黄，散发出诱人的香气，然后拿出来一块一块地揪着吃。

这是北方粉匠待人的一种情意，是他们的一片善良，也是他们的重要规俗。如果来了贵客或远方的过路人，只要进了粉作坊，喊一声："盆子瓢子地道！"

粉匠们也说："地道！"

于是，粉匠们高兴了，往往对来人说："坐下，等着吃粉居子吧。"

于是，大柜嘱咐烧火的："去，找根高粱或苞米秆儿，扒了皮，擦干净！"

烧火的明白了，出去了。

不一会儿，秆棵拿来了，交给粉作坊大柜，大柜要亲手把湿粉面子裹在秆棵上，在翻开的锅里烫一下，然后伸进灶坑里亲自为你烤粉居子。

这里渗透着粉匠待人朴实的情感，再说，农村也没什么吃的，粉作坊的粉居子就是最好最实惠的待人接物的"见面礼"了，也是粉作坊款待上等贵客的东西。

来人咬了一口粉居子，往往连连喊："喷香！喷香！"

而孩子们呢，往往也挤在灶坑前嚷嚷："给俺也烧一个吧！

一窝蜂涌进粉作坊的孩子们

给俺也烧一个吧！"

烧火的往往喊："靠后靠后等着，别挡害！谁听话给谁……"

于是，孩子们听话地往后边站去，但是，一个个都睁亮了眼睛，盯着那火红的灶坑里烧烤着的粉居子，手指含在嘴里，馋得直淌哈喇子（口水）。

每一个农村孩子，都忘不了自己那些有趣的童年的故事。

粉匠是从前民间的"红人"，因为农村的主要副食就是粉条，所以人人都看重这些人的手艺。走在路上，遇上胡子（土匪、马贼）等，他们往往问：

"你是谁？"

"我是我。"

"压着腕。"

"闭着火。"

"报报迎头?"（贵姓）

"迎风顶水蔓。"（姓于）

"啊，于掌柜的。在哪候着?"（干什么事或有什么手艺）

"水中取财。"

"啊，是粉匠。"

于是，胡子（土匪）们往往看看他包袱里带着的各样粉瓢工具，也就放他过去了。

粉瓢有好几种。大粉匠会漏各种粉，出门在外也要带着各种粉瓢。粉瓢是一个粉匠的主要工具，也是他身份和职业的象征。粉匠这行干得好叫"瓢亮"；干不好，干坏了叫"扣瓢"。一个粉匠，如果经常扣瓢，他的名声就完了，前程也尽了。所谓粉匠不扣瓢，要做到漏粉的全过程讲究、熟练利索，地道，同样的料，出粉多，粉好吃，而且大伙都欢欢喜喜的。扣瓢和扣盆，都说明漏粉技术（手艺）出了问题，当然大家也就没了欢声笑语。

俗话说，粉匠扣了盆，赛如丧门神。

漏好了，外边人一听屋里的粉匠的有说有笑，就说："今儿个是好粉!"于是村里的大人小孩争着进屋去吃粉居子，粉匠也愿意招待你。如果在外边一听屋里没说话声，只有工具的碰撞声，或说话杵偏横丧的（没好气），保证是扣了盆啦。粉作坊遇上扣盆，干什么都背气，水也凉，火也不旺，水也不开，瞅别人鼻子都歪。这时候过路的千万别进去，进去也没人搭理你。

漏粉行是个技术加情绪的行当，二者结合得好，出的粉好，漏的过程也顺当。这又是任何一种行当的人之常理。想一想，一个"耍"手艺的，活干得不太顺，性子比谁都脏性（总想骂人），活计干不明白，眼珠子一瞪，谁也不好使，说话也就不讲究前因后果了。

粉匠漏粉（关云德剪纸）

开粉作坊，男人在作坊里忙乎，女人也是很辛苦的。粉作坊家家养狗，是为了让狗看着粉，以防有什么来祸害。女人要忙着在灶坑前烧火做饭，给粉匠们吃，还要时时听着外边的动静，狗一哼哼，就得出去。秋天没上冻时，女人都得在外边睡，看守着粉架子。有时也丢粉。哪都有过不下去的人哪。

女人早上三四点钟就要起来做饭，一律捞饭。这些粉匠，一天能吃六七斤米。

粉匠如果干得顺溜，里边的人有说有笑，外边的人一听，说："听，这瓢打得挺稳当！"稳当，就是声音好听，一下是一下，不慌乱，不出杂花。

打瓢的人坐在锅台上，一天下来屁股下边的坯头子都烫秃了，人的屁股也烙肿了。掌柜的往往干着干着就喊："换块凉坯！换块凉坯！"

粉匠是辛苦的。在从前，拉大风匣烧锅下粉，水烧不开不行。拉风匣的粉作坊小打，不停地摇晃着身子，脸上被柴灰糊得黢黑，汗水一冲，又一道一道印子。但他一刻不能停。

于是，远道来的人，包括看热闹的孩子都围在粉作坊的灶坑前，愿意看拉风匣烧火的小打那劳累的样子。

漏粉的季节，北风在荒原上吹刮，四野死静。

星星仿佛也冻得快从天上掉下来了。不少心软的农村姑娘，看着粉作坊灶坑前拉风匣烧火的小打那样子，忍不住掏出自己心爱的小花手巾，去给小打擦汗。从前，不少粉作坊东家的闺女和小打的爱情就是这样建立起来的，而且还有许多粉匠小半拉子领走了掌柜的姑娘的故事。

孩子们时而走进粉作坊，说："俺要吃粉……"于是，烧火的人就给他烧一个。小孩子咬一口："没熟！"大人说："那你急得跟屁猴似的！"大伙都哈哈笑了。

东北民间，粉作坊每到年节，都贴上自己的对联，而这些有趣的对联正是黑土地老粉匠们的心愿。对联往往是这样：

凉水热水天天不离水

干面湿面时时摆弄面

横批是：

浆来水去

还有的写道：

坨坨银山铺成幸福之路

条条玉线装点致富家园

横批是：

水中取财

在粉作坊劳作，还有一个出名的规俗，就是粉匠们每天中午都要吃"抄手粉"。说起来还有一段有趣的来历。

相传漏粉工艺来自豆腐的创始人乐毅。乐毅本是浙江金华一带人氏，他从小很孝顺自己的父母，后来父母一点点老了，嚼不动黄豆，乐毅就把黄豆磨成豆浆。为了更有滋味，他又试着把卤水点进豆浆，结果成了豆腐。乐毅母亲患病，大夫给开了石膏，乐毅把石膏放进豆浆，结果做出的豆腐比放盐卤更好吃。但据

粉坨子（关云德剪纸）

《中国行业神崇拜》（李乔著中国工人出版社）记载，历史上的乐毅本是战国时燕国的大将，他怎么会成为豆腐行的祖师？却不得而知。不过传说却讲得有滋有味儿。说乐毅的后代开起了豆腐作坊，后来有一年，康熙皇帝私访来到河北一个叫盐山的地方，走得又饥又渴，进了一家豆腐作坊，偏巧这家掌柜的不在，光有一个姓乐的小伙子守着房子。皇帝穿着便服，别人也不知道他是干啥的，进屋光喊饿，问有没有吃的。

小乐子平时就是个有灵性爱开玩笑的孩子，老人要吃的，能说没有吗？

老人说："有就给我做点吧。"

然后双腿一盘坐，上了炕。

其实这豆腐作坊早停工五六天啦，掌柜的领人出去拉粮还没回来，豆腐缸里有一层豆粉面底子，已经又干又硬，不知还能不能吃，可是既然答应人家了，就硬着头皮做吧。

小乐子说："你等着!"

说完就烧了一锅开水，把缸底子上的粉面子刮起来，先用凉温水把粉面子和开，然后装在一只葫芦瓢里去锅里舀点热水再和和，谁知，他匆忙中拿的是只破瓢，那瓢底子上让耗子给嗑了六七个眼儿。他刚把瓢举到锅上，粉面子止不住地从瓢里漏了下来。转眼间沉进水翻开的锅里了。

小乐子一想，这可坏了。豆腐没做成，仅有的一瓢粉面子还掉进锅里了。

可坐在炕上的老头不知咋回事，一个劲儿喊："怎么样? 怎么样? 我饿得已不行啦!"

小乐子被逼无奈，只好一顺手把漏进锅里的东西捞起来，盛在一个大碗里，又洒上一些麻酱辣油，端了上来。

老头问："这是啥?"

小乐子顺口说："抄手粉。"意思是他抄着手等着吃。

老头一口气吃干喝净，问："还有没有了?"小乐子回他："没了!"于是他只好穿鞋下地，走到门口说："谢谢你啊小兄弟……"一转身走了。

小乐子捂嘴一笑，心里说："还谢我呢! 你不拉肚找我算账就行了。"

原来自古豆腐作坊、油作坊、酒作坊流传着一句俗语，叫作先学滑，后学屁，带带拉拉学手艺。意思是说，和师傅学活，师傅从来不正经教你，要靠你自己去"偷艺"，去发挥。谁和师傅处得好，平时细心观看，大胆演练，谁就成得快。而这个小乐子，平时是个烧火的，也没机会学呀，他光看人家平时做豆腐，也轮不到自己上场，可这回一下子来个老头，不练一把啥时候练？结果还砸了锅了。但看老头吃得那股子高兴劲，他心中一块石头也就落了地。不过心中还是像做了亏心事似的，好长时间都不安宁。

一晃过了半年的时间，小乐子早把这事忘了。忽一日，就见豆腐作坊门前一队人马鸣锣开道，一帮当差的抬着一顶轿子前呼后拥地来到这儿。小乐子这下可吓坏了，再一看，从轿上下来的正是那夜吃了他剩面漏豆粉的人。莫非老爷知道了事情真相？要拿他问罪？小乐子吓得扑通一声跪在了地上，连连叩头请罪。谁想那老爷却哈哈笑着上前扶起了他，并命身后的小差抬上一块金匾，上面写着："抄手粉作坊"。

原来，这个微服私访的皇帝回宫后，每天山珍海味地吃着，却觉得怎么也没有那顿"抄手粉"香，而且还整天嘴巴上火，啥也吃不下去。这次他又是出访来到此地，一想到那顿吃食，他就胃口大开，于是特命人做了这块金匾送上门来，其实还想尝尝当年那碗"抄手粉"的味道。

掌柜的问怎么回事，小乐子只好一五一十地说了一遍。又加了一句："就是咱作坊那剩的粉底子做的！"掌柜的问小乐子还记得怎么做吗？小乐子只好给老爷又做了一遍。

来看热闹的人围了半条街巷。从此，小乐子就由豆腐作坊开起了粉作坊，大伙也都效仿小乐子做起了"抄手粉"，于是"漏粉"的这门手艺就一代代传下来了。

其实至今在粉作坊还有这个规矩，粉作坊头一天开业或来了客人，中午那顿饭就吃"抄手粉"，又新鲜、又肉头，十分好吃。而且粉匠们每天中午也吃抄手粉。不过年代久了，大家把"抄手粉"改成了"抄粉"，连当地的孩子们也知道这个风俗，一到粉作坊快开饭时，他们往往说："走哇，到粉坊吃抄粉去。"

二、粉作坊祖师

粉作坊的祖师是谁？

粉作坊里许多年轻的人已经不知道了。由于他们每天和柴火、粮食、水打交道，所以他们这一行从前也供奉神农氏、水神、关公等人物，而且最重要的，他们这一行以供奉乐毅大师为主要的先师。

乐毅大师本来是豆腐行的祖师，可在他发现了做豆腐规律的同时，也发明了和做豆腐极相似的漏粉的技术，这可能是人们供奉他的理由。

其实漏粉和做豆腐的过程，基本相似，都是把植物磨碎加水放进缸里沉淀，然后进行撇缸，接着过包，然后又都把面子放进锅中熬。

不同的是豆浆要用卤水来点，而粉则是放在漏瓢中经过敲打，漏进锅里。

由于粉条产生的年代可能迟于豆腐业，所以这一行便没有明确的祖师崇拜，我所见到的粉匠基本是以崇拜乐毅、财神、关公、比干等为主，他们一致认为供奉乐毅是他们的正宗。

粉作坊晾粉

因为这两个行业的对联都一样，叫"水中取财"或"水里取财"。

从这一点证明，粉匠他们这一行当的祖师确实是乐毅。

一、粉作坊主要人员

一是东家或掌柜。在粉作坊，东家是说了算的人物，他往往是自家备料、备场地、备工具，然后四处邀（请）大粉匠来开工。

当然也有出名的粉匠自己当东家的，不过一般的都是外请。这是一种习惯，也便于管理。

二是大粉匠。这大粉匠，是粉作坊中的主要人物。

他要掌握制作粉的全部过程，这人是全才，制粉的一切过程要精通。他并往往带几个人来，他有一伙人，又叫"粉伙子"，由他指挥，到某某的掌柜的粉作坊来干劳金。

一切花项、劳金全由他一个人去和东家讲清，再由他去和粉匠们讲清。大粉匠有时就带三五个主要人物，这三五个人往往是"叫瓢"的和"打瓢"的人，还有一个有经验多手法好的叫"提粉"的人，因这个人要看准了"火候"，不然不出粉。这几个人是漏粉作坊的"台柱子"。

三是二粉匠。这二粉匠，就是指粉作坊制粉过程中的二号人物，他主管的是前期生产程序。

前期工作包括收料、开磨、打杵子、打罗、过包等等工序，这些都归他管。前期力气活多，后期技术活多。一旦粉面子炕好了，这时他的"权力"就被大粉匠接过去了。

四是芡匠。这芡匠，就是粉作坊生产过程中头一道重要工序的技师。芡匠一定要把粉面子的"性度"调好，这一切要靠芡匠的手艺和技术来把握。

他往往站在芡缸（或锅）旁，一边干活，一边指挥粉匠们"摔芡"调性（把粉面子团上下摔打，以便软合）。所以是很重要

粉匠叫瓢

的人物。

五是瓢匠。瓢粉是漏粉工序中最重要的过程，这瓢是指"叫瓢""上瓢""打瓢"的整个工序，是最重要环节，这儿的主要人物为"瓢匠"。

他必须腕子有劲儿，而且会使"寸"劲儿，才能打得粉面子均匀往下漏，而且漏得顺溜，粉要粗细得体、干稀有度，要有筋头、有咬头又肉头才行。

六是拔匠。这拔匠，又叫"拔粉匠"，是指把粉从锅里捞出，再在温凉水中浸泡、提拔、捣挂的技师。这人也很重要。他要掌握水温、天气、季节、时辰，使用不同的力度，把粉一挂一挂地弄好。

以上是粉作坊的基本技术工种。其他一般的干活人统称为粉匠，或"小打"，这和在一般的作坊中使用的称呼大同小异。

二、粉作坊劳作过程

中国民间盛产粮豆，制粉业早已很发达，民间把制粉统称为"漏粉"，漏粉的地方叫粉坊（其实就是作坊）。漏粉大致有这样一些过程。

（一）收料

收料就是收购土豆子，也称"拉料"或"进料"。

中国民间各地农村盛产土豆，平时吃新鲜的，到秋天土豆产

收　料

得多了，就把土豆做成土豆粉，又好吃又好保存。一般的农家是以货易货，就是把土豆送给粉作坊，然后粉作坊给粉条以顶价钱。双方都便宜。粉作坊只挣加工手续费。这样在秋收之后，家家都把土豆送往粉作坊。粉作坊要备"仓子"，把土豆贮存在那里，等待"开磨"。

（二）洗料

收完土豆，接下来的工序是洗土豆。

洗土豆，有两种洗法。

一种洗法是在大池子里洗。将土豆放在大水池子里，小粉匠用木锹翻动土豆。在翻动中把土豆上的泥洗下去。土豆翻破皮了，那没关系，不算毛病。

第二是在大缸，大锅里洗料，主要是根据自己的容器而定。

洗完土豆要沤土豆。

洗　料

（三）沤土豆

沤土豆，是将洗完的土豆，装入一排排的大缸内，加入适量的水，开始沤土豆。沤土豆，是先将土豆沤泡软，以便加工。多少水，多少土豆，这是有讲究的。

伏天沤土豆，冬天推浆子。

伏天沤土豆，沤得快。

沤上几天，土豆起沫子了，要搅缸。搅棍上头有个小横把，下头有大疙瘩榔子。搅缸，是使土豆发酵得均匀，把没有沤烂的乘机捣碎，促使土豆快点发起来。

发了的土豆，沫子很多，要用瓢往外撇沫子。

撇沫子，可是个技术活。撇轻了，沫子没撇出去，粉浆子里水太大；撇重了，把浆面子也泼出去了，浪费粉面子。这是粉坊的一道技术活计,讲究"腕子"功。

沤好的粉浆子,是粉红色,那是上等浆水,出粉面子多;白色的粉浆子是下等货,出粉面子少;黑色的粉浆子是坏货,沤大发了,沤臭了,出的粉面子也是黑色的。

黑色的粉浆子,还有其他原因,比如没洗好土豆,泥土多,沤出的粉浆子,过箩筛不净,过包挤不净,漏出的粉条里也含泥土,庄稼人叫吃起来牙碜;还可能是土豆冻了,土豆一冻浆水就发黑。

撇沫子关系到出粉面子的多少和粉的质量。

(四)开磨

开磨又叫"拉磨",也是粉坊的另一种手艺活。从前是牲口或人来干,近代是使电磨。首先把土豆放进一个大池子里洗干净,然后"填磨眼"。填磨眼磨土豆、填磨和看磨等都是累活,要不停地供上磨的使用,要防止杂物进入磨道。

粉坊都有"粉磨"。粉磨磨齿大,磨得粗,磨眼儿大。

粉磨是专门用来推粉浆子的。

洗好的土豆,捞在大缸里,用铁铲子把土豆捣碎,然后套上牲口上磨推粉浆子。

推粉浆子得两个人,一个人填磨,一个人收粉浆子。

粉作坊开磨往往在早上三四点钟开始,那是村落人熟悉的动静,也是一种方言。村里的人都在熟睡时,磨粉的磨轰轰地响了起来了。磨出的浆水顺着磨盘槽子哗哗地流进磨旁边的一口口大缸里。

粉房的石磨

（五）使瓢

当粉磨流出的浆子进入一口口大缸里时，下一道工序就是"使瓢"了。

要想使漏的粉肉头儿，有味儿，好吃，主要是找好浆口。找浆口，全靠磨盘槽子前边的撇缸人，也就是"使瓢的"，他主要的功夫是认浆。认浆就是细心观察浆水的颜色，一扒拉浆水上边的沫子一层红皮，这是上等浆，能出好粉；一扒拉浆水上边的沫子发白、发黑，没红皮，这不好，是下等浆。撇缸要及时下瓢，时辰不对，浆没红皮。瓢要找好轻重，狠了不行，少撇也不行。

粉磨旁边挨排放四口大缸，使瓢的人要不停地将大缸浆水中的沫子打出去。

这个活要找好时辰，快了，浆没沉淀好，浪费面子；慢了，浆度过清，底子发硬。使瓢的人要完全凭经验和感受，找好时机要不停地运作。

使瓢的又叫"玩水的"。他时时刻刻和水打交道。漏粉作坊是最费水的作坊。平均四麻袋土豆出一坨子粉面子；而一个粉坨子大致要四缸水；一个一般的粉作坊一天要干二十八到三十五个粉坨子，这一百多缸水全要靠使瓢的一瓢瓢"打"出去，没有功夫和浑身的力气，是完全行不通的。

当浆水沉淀剩下粉底子（淀粉）时，下一道工序"打杵子"就开始了。

（六）打杵子

打杵子，就是搅扮（拌）流到缸里的浆水。这要用"杵子"。

杵子是一个二尺长的粗木棍，下边一个碗口大的木疙瘩，顶上一块横杠。打"杵子"的人要双手握杵杠，在浆缸里猛搅，使浆粉均匀后慢慢沉淀。

使杵的人，要会使晃"膀"劲。晃时身体要平稳，不乱晃，劲一致，才能出好面子。接下来是打箩。

（七）打箩

箩是漏粉的主要工具。当粉浆从那一口口大缸流进"打杵子"的缸里后，打箩的人要不断地将浆过箩，除去浆粉表面的杂质，使粉浆更加洁白纯净。

打箩者要双手并用，一手扶箩帮，一手搅箩杆，一上一下，一左一右，很有古代人造纸时"捞帘子"的样子。接下来，便是过包了。

（八）过包

过包，是粉作坊里的一道重要的工序。是指把打完杵子过完箩的浆水一瓢瓢舀进"包"里，过一遍。

"包"，是由细纱棉布制成，浆水通过"包"的过滤，将清洁的浆水面粉子溜到一口口沉淀缸里，等待成粉。

过包的人往往腰身微微弯曲地站在包前，包是挂在房梁的钩子上，过包的人要不停地晃动双肩，使浆水均匀下泻。

过　包

过包者要会听声、会看色。

听声，是指包流淌下来的水的流淌的声音。会听声音是指通过听包水流动声的大小粗细，来决定包里水分的多少；这还要看接包水器具的大小、质地。根据不同的声音，判断到没到份儿。

会看色，是指会观看包内水的颜色的红白粉青。白了，太慢了；红了，太过了；粉了，太迟了；青了，太差了。

从前人们说，过包全靠"晃"，就是指这个。过包的人如不把浆面子"投"好，就会瞎面子。所以这个人要对东家有良心，不然一天瞎上三五十斤面子是常事。

（九）起面子

过完包后，浆粉开始在缸里沉淀。过一定时间，开始起出，叫"起面子"。

起面子，是指在过完包、打完箩、使完杵的缸里，将沉淀好的面子一铲一铲起出来，用铲将杂质、粉底子削去，然后将白白的粉块放在干包里。接着一兜，提起上挂。

（十）上挂

上挂又叫"挂包"，是指将起出的包和包里的湿粉面子，一包包地挨排挂在房梁屋角处，每个包下有一个盆盆碗碗的东西，以接包里渗出的水滴。

上挂的人，要有腰劲。这几十斤重的粉坨子要双手举着上挂，挂好后，还要摇包，就是双手握住包的挂绳，前后左右不停摇动，使湿粉面子堆集。

没力气的人摇不了几下子，就已是上气不接下气了。

上挂的粉包，要经过一天一宿的时间把水分控干，然后把粉坨子取下来，放在干凉处等待使用。

挂 包

以上是漏粉的前期工作。

漏粉十分讲究季节，土豆下来之后的八月节（中秋节）前后开漏，一直干到冬月底大年前，特别是在我国北方，一直干到腊月二十八九，才高低不干了。因为这时天太凉，而且土豆伤冻，黑粉子多，出粉率也低，不好淘浆水了。前期工作往往是力气活，埋汰又劳累，真正的技术活还在第二阶段，也就是漏粉。

（十一）插面子

漏粉开始时的第一道工序是插面子，就是要把一个个粉坨子弄碎,俗称"插面子"。

插面子是指先把控干的粉坨子搬到炕上,用粉铲子将粉坨子一下下铲开,使粉面子散在炕上。可是插面子要会使铲,会插,不要使粉出疙瘩,出块子,要插细碎了。

(十二)炕面子

插完的粉面子,要炕干,叫"炕面子"。

炕面子是指把铲下的粉面子均匀地铺在火炕上,加温去水,使之干爽适度。

炕的温度必须在三十度以上,太热了不行,热了容易闷面子;太凉了不行,太凉了容易闪面子。

炕面子的火炕及工具

炕面子的人还要不停地翻动面子,使其温湿冷热均匀,以便搅拌。接下来就是"打芡"了。

（十三）打芡

打芡是很有趣的一个过程。漏粉不但要把粉面子的"性度"调和好，还要调和匀，使其产生粘度，必须得先把一部分粉面子烫熟，称之为"打芡"。一盆子面百十来斤，"芡"往往要二十分之一，用时先要把"芡"用秤称好分量，倒在盆里，然后师傅（又叫漏粉大柜，指技术上说了算的人物）来打芡。他往往是先舀一瓢滚开的热水，沿盆边慢慢倒下去，同时喊一声"搅芡——！"这时，一个小打手握搅棍，在盆内猛搅，直到粉子熟了，变成灰色状态，然后往里兑面子。这就是打芡。

打芡（关云德剪纸）

（十四）揣面子

打完芡，就开始往芡盆里兑粉面子。然后开揣，俗称揣面子。

揣面子

揣面子是漏粉作坊之中较累的活计，往往是四五个小伙子，都光着膀子，每个人伸一只胳膊插在面盆里，然后一齐抓起面块子，举在空中再往下一摔。这种摔和搅，往往伴随着揣面人的"咳哟咳哟"声，他们还要不停地朝着一个方向转着揣面，很有趣。

（十五）抓矾

面揣的程度，决定粉条的质量，这里的关键是"抓矾"。抓矾和打芡一样全要靠大师傅来抓。

"矾"是一种经过特殊拌兑的干粉面子，里边加好了料，为了使面子软硬适中，必须靠矾来进行调节，加多少矾，要靠师傅对面子的判断。加多了，出粉时露矾渣子；加少了，粉条软，不扛炖。所以有名的大粉匠往往闭了灯抓矾，在黑暗中专门练"手感"。他们是靠自己多年的经验来决定抓矾的多少，手只要一触到面子，就知抓多少矾。真是了不起的手艺。这当然要靠多年经验的积累。

（十六）叫瓢

叫瓢，就是把搅好的面子盛在一个瓢里，由大粉匠来拍打瓢里的面子，俗称"叫瓢"。叫瓢时主要是看粉能不能成绺地往下滴落，如不能，就说明没和好，没搅好，或矾没抓好。

如果成绺，说明好了。然后就上瓢。

（十七）上瓢

上瓢是粉作坊头等的又一技艺活计，又叫打瓢。

打瓢时，这人坐在热水滚开的锅台上，一手握着放在腕子上的漏瓢，一手用掌击打瓢中的粉面子，使粉面子均匀地从瓢的底眼上漏进锅中的水里。

打瓢之人必须具备三个本事：一要腕子硬，瓢端得要稳，不然打时胳膊一晃荡，粉绺子就会折；二是掌子要狠，一下是一下，劲要均匀，正常，不轻不重，分量相当；三要掌子拍得要准，不能东一下、西一下。这个功夫往往是祖上传下来的秘招，叫"掌子功"，不外传。

从前打瓢的人在锅台上一坐就是一天，火烫得锅台滚热，烤得人浑身发软，屁股底下垫块坯头子都烙屁股，这一天就是不干活都受不了，何况还要不停地打瓢。曾经有人打着打着累得晕头转向，一头栽进热锅里烫死了。

而有的打来打去，打串了掌子，巴掌在瓢帮上来回拍，把手掌都硌烂了。

这是个苦活，又是技术活，一般人干不了，谁便想干还不行。俗话说：

打瓢打瓢，

从小就得熬；

师傅领进门，

全靠自个学（xiáo）。

说的就是这个活的全面性手艺和粉匠的耐力。

（十八）拨锅

粉漏进锅里煮，要不断拨动，这称为拨锅。

拨锅就是把漏瓢漏进锅中开水里的粉不断地翻动、挑拨，俗话叫"捣小物子"。干这个活很关键，必须手勤、手快。因粉在开水里翻滚，稍微一慢，就粘在一块成坨了。必须要紧拨紧挑。如果水太凉，粉发软，以后不扛煮不扛炖；如果水太热，就会外熟里生，称为"硬心子"，不好吃，不好熬。所以水太热，就要往锅里兑凉水。兑凉水不叫兑凉水，而叫点点锅。

凉　瓢

所以当锅里水花翻滚时，往往听到拨锅的喊："点点锅！点点锅！"

"来啦！"舀水点锅的人往往是烧火的，他专门管"点锅"和加柴火。

如果火跟不上去，锅不开，粉匠大柜就会喊："柴火硬着点！"

这时如果烧的是苞米棒子，就要立刻加一把豆茬儿。这种秧棵火旺火硬，加一把锅立刻就开了。

（十九）捣粉

当拨锅的人将粉不断地从翻开的锅里捣动并拨进锅外一个盛凉水的大锅里时，捣粉工序便开始了。

捣粉是把热粉麻溜地拨进冷水中浸一下，然后用胳膊和腕子将粉一绺绺地提起来，每提一次，有八至十斤，然后顺手拿一根"支粉棍"，把粉放在粉棍上，稍微控一下水，再交给身边的小打，放进粉槽子里泡。捣粉相当关键，捣不好或找不准时差，粉就成绺成团打不开了。

（二十）提粉

提粉，就是端着粉棍将捣好的粉连同粉棍一块儿放进粉槽子里去泡。每棍出锅粉，经过捣，都要送到粉槽子里浸泡。泡粉的槽子往往是一个大水池子，有一米多深，里面的凉水哗哗流动，保持一定凉度。热粉在里面需浸泡十多分钟。这又叫"投粉"。

提 粉

如果不投好，粉就并条。

粉槽子的上边有一排大架子，称为粉架子。浸泡好的粉，要一架子一架子地端上来，放在粉架子上控水五分钟，然后拿出去晾晒。这个活计要讲究水温、时辰，稍不注意，便会前功尽弃。

控　水

（二十一）粉窖冻粉

在中国北方，特别是东北，漏粉多在秋冬，天气寒冷。一般的粉一出来就冻上了，所以要有粉窖。

粉窖一般只是在冬天使用。所说粉窖，往往是用砖或泥坯盖的高出地面一米左右的槽子，里面是一排排的架子。投好的粉被人端出来后，先要挂在粉窖里，一宿左右，粉就冻实了，这也叫冷却。然后第二天取出来捶粉。冻粉其实也是在蒸发粉中的水分。

粉 窖

夏天则不用粉窖，直接上大架用阳光晒干便可以了。所以北方制粉往往要有这个过程。因为一般的农作物都是秋收冬用，所以必须有这个过程。

（二十二）捶粉

捶粉就是把在粉窖里控好冻实的粉拿出来，一捆捆地放在粉板上，开捶。

捶是用木棒子，一尺多长的木棒子，也叫"粉棒子"不断地去击打粉捆，使粉里边和粉与粉之间的冻霜落下去。这是为了去冰去霜。也叫抖搂粉。捶过之后，粉与粉之间易通风和干燥。一捆粉，往往捶一两分钟。

冬季，粉作坊门前往往堆成了霜山。

那霜晶白如玉，那颗颗晶体闪着光的白霜，便是从粉中捶出的霜花，很有特色。

捶好的粉，再上大粉架子，晒个两三天，就可以了。

粉坊晾粉

　　粉作坊晾粉很壮观独特，远远地一看，在阳光下白亮亮的一片，几里地以外都看得清清楚楚，很有意思。

东北粉坊晾晒的粉条

（二十三）捆粉

捶好、晒好的粉，就该打捆了。

捆　粉

打捆讲究论"杆子"。一杆子就是两捆，六十斤，也有一杆子一捆的。两捆时，对头绑。捆粉用稻草或谷草打要子，如果晒得好，捆得也容易。捆好的粉板板正正，四四方方，好看、好装、好运。这是手艺活。

至此，粉作坊生产粉的过程就全部完成了。

三、粉作坊工具

古老的制粉手艺，需要许多工具，俗称"手巧不如家什妙"，而有名的粉作坊，都有自己世传的工具。这是粉作坊的"震坊"之宝。

（一）洗料缸

就是冲洗土豆的大缸。也有用石头槽子或木槽子的。

洗料缸

（二）水磨

将土豆粉碎的石磨。这种磨平时也用来加工粮食。

水磨（关云德剪纸）

（三）毛驴

从前，粉坊的动力就是牲畜，主要是毛驴。因毛驴个头小，但力气大，又因为粉坊的空间小，所以使用毛驴来推磨、拉磨正合适，所以家家的粉坊必使用毛驴。

东北的毛驴

（四）火炕

这主要是用来取暖和炕粉。

在粉坊，所需的粉是要在粉坨子上一下下切下来，这是湿的，必须经过"炕"（加热，使其成为干粉子）才行。火炕炕粉要讲究火候，要由专门人来看管、翻动，以便达到干湿适度，这才能使用。

炕　粉

（五）粉铲

这是用来翻动粉的一种工具，把头上安有小铲，要由村上手艺好的铁匠来专门打制，铲刃要有钢口，以便来回翻动顺手。

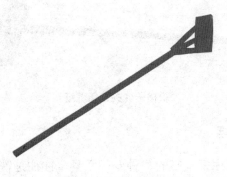

粉铲（关云德剪纸）

（六）粉插子

这是用来"插"粉泥的工具，使粉面均匀、好用。

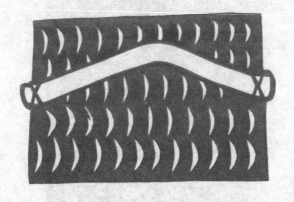

粉插子（关云德剪纸）

（七）粉搓子

这是用来收粉搓粉的工具，长把方搓。

粉搓子（关云德剪纸）

（八）搅棍

是打芡时用来搅缸的一种专门工具。往往是铁梨木或色木，越磨越顺手。

搅棍与大缸

（九）粉包

是在磨料后，将料水倒入缸中，然后舀在"包"里，人要上下、前后、左右晃动，让粉面沉淀下来的工具，是以细纱棉布做成，四角以木棍支开，以便挂包。

粉包（关云德剪纸）

（十）水瓢

粉坊舀水用的瓢。有铝制、铜制，但大多是葫芦瓢。

（十一）粉瓢

这是粉坊漏粉的重要工具。又分大小、圆方不等。主要是看漏什么粉。如宽粉，就选用宽眼瓢；如细粉，就选用细眼瓢。民间"粉瓢"多种多样，往往由粉匠自己来选择自己喜欢的"家什"。这种东西往往是祖传，使起来可手、可心，叫"得心应手"。而且，这也是各粉坊和粉匠的名份和身份、品牌的代表性。

（十二）大锅

粉坊离不开大锅，这是煮粉必备的工具之一。大锅往往在屋里的大灶上，灶坑在外屋或屋外头，以便人烧火架柴。锅水一开，坐在锅台上的"粉匠"才开始"叫瓢"，也叫"打瓢""拍瓢"制粉。所以大锅是粉坊的主要标志。

（十三）抄捞子

和捕鱼一样，粉坊也有抄捞子。但这里的抄捞子主要用来打捞粉缸浆水上的沫子，使粉水清洁、通亮，才出好粉。

（十四）粉架子

这是粉坊必备的用具。家家粉坊房前、屋后、房顶到处皆是，主要是用来晾粉晒粉。

粉架之一

粉架之二

（十五）粉钩

这是挂粉晾粉时搭提杆的用具。粉钩又称"粉扣"，各种形状均有，是为了在各种场合将粉挂起来晾晒。

粉　钩

（十六）粉窖

这是用来贮存湿粉的设施。一般在户外，以砖或土坯或垡子（秋天，从草地上挖来的土块，草土结合，四四方方。用垡刀挖切，所以称为垡子）来砌，里面搭上梁，以便将粉挂里边，一点点冻干。

粉　窖

（十七）捞槽

这是粉坊出粉时的必备工具。往往是一个长方形大木槽，里面放上清水，要不停地流动，以便热粉从锅里捞出，能立刻投入到凉水槽内去降温，使粉定型，这才好吃好贮。

捞 槽

（十八）粉车子

主要是用来从粉坊往晾粉地送粉的车子。这种车子两边有高高的架杆，以便粉棍和杆搭在上面。

（十九）粉案子

这主要是用来"捶粉"。特别是冬粉，一旦冷冻好，要从粉架上摘下来，放在粉案上捶打，使其去冰、去白晶，好吃，好看。

粉　车

粉案子

（二十）粉捶子

捶粉时用的工具，有如"棒捶"。下边要有一个长方型的木桌子，以便捶粉，多为粉案子。

捶粉棒与粉案子

（二十一）粉绕子

捆粉用的草或高粱秆子，要结实而柔软，有韧性。也有专门到麻绳铺或纸铺，专门钉制的绳，多为"捆粉绳"，这往往是出格的大粉坊。

（二十二）料锹

翻动、移动土豆工具。锹板带网。使土和小石块漏下去。

料　锹

（二十三）粉筢子

收料时的筢子。

粉筢子

（二十四）粉坊幌子

和买卖字号一样，粉坊也有自己的幌子。往往是上边一个圆帽，下方系上一穗穗银丝，象征着粉丝。这是一种形象的记号，让人打眼一看便知是"粉坊"的生意。

四、晾粉

（一）冬粉

冬粉，是指在北方严寒的冬季将新出锅的粉条提着挂在外面的粉架子上晾干，其实就是冻干，又称"冻粉"。

冻粉条是北寒冬腊月时漏的粉，不是用太阳光晒干的，是冻干的，这也是粉匠的独特手艺。

粉坊都有专门的粉窖，是专门冻粉条子用的。

粉窖就是一些用泥坯和石头砌的棚子。

粉窖不用那么严实，也没火炕，也不生火，越冻越好。

投好的粉条子，一架棍一架棍放在粉窖的大粉架子上，冻上个一天一宿的，里外冻透了，冻实了，也就冻干了。

粉　窖

冻粉要捶粉。

粉一冻就有冰。有冰的粉条就要捶去冰。

捶粉，也是个技术活。捶轻了，冰掉不下来；捶重了，连粉条也捶下来了。

冻粉，关东人却喜欢吃。

关东人喜欢吃冻粉的那个筋道、肉头劲儿。

漏好粉，换粉条的来买粉条了。

冻 粉

到年根了，粉坊也到了卖粉条的时候了。

漏的粉多，粉坊还要赶着大车进城去卖粉条。

冻粉要有特定的工具，"粉架子"和"粉扣"。粉架子自然不用说，就是在平地上架起架杆，1.8—2.2米高，上有一横杆，各种粉都要在一粉扣下挂着，而"粉扣"有多种：

（1）横粉扣——挂平行粉的扣；

（2）横插粉扣——挂刚出锅的重粉的扣；

（3）交插粉扣——挂分量更重的粉；

（4）横花粉扣——挂要不断调换的粉；

（5）插花粉扣——挂压坏后立刻补救的粉；

（6）大交插粉扣——挂厚粉；

（7）小交插粉扣——挂薄粉；

（8）花套扣——挂宽粉；

（9）细花套扣——挂细粉；

（10）马鞍扣——双摞在一起的勾杆；

（11）弯钩扣——转一转后交插；

（12）起脊扣——叠摞起扣杆；

（13）山谷扣——落下去的扣杆；

（14）转弯扣——打一个转弯的扣；

（15）回头扣——打一个回头的扣；

（16）延长扣——堆在一起有余绳；

（17）套子扣——从中间穿过绳头；

（18）穿插扣——从中间掏过绳头；

（19）留子扣——余下很长的绳，是预备再加层。

粉扣的名称和种类很多，这都是粉坊在长年的生产过程中积累摸索下来的一些手法和技艺。

（二）夏粉

夏秋季节的常规粉扣

夏粉，是指夏天在阳光下晾晒刚从锅中捞出的湿粉。由于夏日阳光充足，气温高，方法也就简单一些。只需要一般的粉架子和常规粉扣就行。

第三章
粉条村粉匠口述

一、倪尔忠口述

我这辈子，天天没离开过粉瓢，在家里是天天"叫瓢"，打瓢漏粉，外出时就把粉瓢拴在我的裤腰带上，人行在外，常常碰上劫道的。对方往往问："站住，上条子！"（给钱）我就敲打一下屁股后边的瓢，说："条子还没到手！"（还没挣到）

对方说："上什么买卖？"

我说："是水中取财……"

对方说："啊，是粉匠。那过去吧。"过去土匪不抢粉匠。粉匠穷。

其实，这粉瓢在当年是出行的"路条"。你外出屁股上挂着瓢，说明你是去吃劳金，给人家"叫瓢"，钱还没挣回来，这是你身份的证明。

粉匠有几种挣钱法，一个是在屯子里自个儿开粉坊，自己漏

老粉匠倪尔忠

粉、制粉，然后出售，另一个是给别人干活，出手艺。当年，粉匠很吃香，是大手工。那些烧火的、揉面子的、捞粉的、运粉和晾粉的，都是力气活，唯有叫瓢的是手艺，叫工匠。

叫瓢，是指粉匠要坐在锅台上，一看锅里的水翻花了，就得立刻开叫。水的花翻到什么程度，这时你才能看水使劲儿，瓢的眼儿也会根据你的力气，漏出长的、短的、粗的、细的、色彩好的、筋道的粉来。

粉匠最讲究的是"出活"。

出活，就是看火候、水候、面的柔醒度，再就是你的"手劲"。另外，同样的瓢里的面子，会打的出五斤粉，不会打的只

倪尔忠经营的粉坊

出三斤八两或最多四斤二两，而且还发硬，不好吃。这叫"没打开"。

打开，是指叫瓢时，劲要使均匀，而且上下一致，不能乱叫瓢。叫瓢一干就一宿，浑身麻酥酥的，一点劲儿也没了，这时是累了，饿了，就得吃点啥。吃啥？那时有啥吃呀？就是粉，就得吃粉。

吃粉，在粉匠来说，有多种吃法。在早时候，作坊里烧火的要有眼力见儿，他一见大粉匠在锅台上坐不住了，晃荡了，里倒歪斜漏粉，他就用葫芦瓢盛一碗粉，舀上一碗大酱往上一倒，递过去，大粉匠接过来，突噜噜就开造，真是又顺溜又解饿。多数时候是吃烧粉居子。粉居子，好吃。粉坊的灶坑里整日地烧烤着粉居子，烤得黄洋儿的，好吃，预备的粉居子，大人小孩、来人去客到粉坊来，人人都想尝尝这口；再就是备给粉匠、干活的、上下手、东家和劳力们随时尝尝，打打牙（没事也嚼嚼）。

粉是剩不下的东西，不管你生产出多少，也积压不下。在早没有别的，过年过节用大量的粉，祭祖啊，熬菜呀，都离不开粉，粉是好玩意儿。我干了一辈子粉匠，其实还是吃不够这粉，人生三百六十行，我其实是离不开我这一行啊。

二、倪成顺口述

父亲常常告诉我，开粉坊那叫"锯响就有末"，这是民间的一句话。意思是只要你勤劳，就不会穷困，干粉坊这一行就如此。当年，我父亲小时，我们家挺苦，我们这儿在当年，曲伯传、曲伯盛哥儿俩开了小粉坊，一点点干大了，一开始是只供给当地的乡亲，可后来粉做得多了，南北四方都来订货，这一下子出了名了。父亲当年是少年学徒，来到曲家粉坊，但他浑身是艺。他啥都会干，木匠、石匠、铁匠，这些手艺成全了他，他就成了老曲家粉坊的大拿了。

大拿就是啥都会呀！由于父亲勤学苦练，又精明灵活，后来就成了曲家的上门快婿，粉坊的生意和经营都交给他了。但后来，到了民国那时期，父亲就自立门户，自己另开了"倪家粉坊"。

那时，倪家粉坊名声在外。我们家人人都会这个手艺，从此成了粉匠世家。解放初期，乡下搞土改，公私合营，小粉坊一律停了，可是老百姓得吃粉哪。在农村什么经营后期都没了，可是粉匠这一行根本停不了，一到秋后，土豆子多了，也眼看着到年了，于是，我家还是漏粉，乡亲们也是盼着有粉好过年哪，你想不干都不行。当时一到上冬，乡下百姓、生产队都知道我父亲是做粉的"大拿"，就找上门来，说："倪大拿，你不拿一手哇?"

我父亲就说："不是。没烧火呀!"

对方就说："点火！漏粉！你不干，民间咋过年?"

父亲不能敬酒不吃吃罚酒啊，于是立刻点火，开工，套磨，拉粉了。

我家人口多，孩子多，不干漏粉这营生没有别的营生。再说，漏粉这一行不耽误庄稼，就是说你该到种地的时候就种地，该收的时候就收成，该打的时候就打，而漏粉在秋收后，天上冻了，人家该农闲，猫冬了，你这才开始动手。

父亲常对我们兄弟姐妹说，粉匠要勤快，人一勤就能致富，黄土变成金，锯响就有末。而且一到年节，到粉坊开工，他都张罗着写对联，贴福字，他说，这叫气氛，干啥要像啥，卖啥要招呼啥。

记得小时俺家的对联可有意思了，什么"瓢瓢打得穷神去，棍棍提着财神来"，横批是：水中取财；还有"银丝穿汤走水过，日头冒红财宝来"，横批是：熟能生巧。父亲说，这都是文化。因此从我一小到现在，父亲的那句"锯响就有末"一直在我心头记着，就是告诉我们粉匠世家不能怕苦，要把这种古老的手艺传下去，就不会受穷。

三、倪桂金口述

我父亲是个聪明人，又是个能人。当年，粉条子不但能卖钱，还能换东西，家具呀，家庭用品哪，穿戴呀，什么都能。那时从我们这儿去往葛根庙、王爷庙（兴安盟）是常事，换布，换线团、线幌子、洋火（火柴）什么的，过年前，甚至还换炕席，拉回来，过年铺上。

有一年，我父亲和我大舅爷一块儿去乌兰毛都送粉，回来拉盐。那时盐都得自个儿去拉，结果半道上死了一头牛，父亲就和舅爷一块儿拉车，让剩下的一头牛驾辕，死牛的肉舍不得扔，把牛肉从牛骨上剔下来，挂在车辕子上，饿了，边走边割一块儿蘸点盐，煮煮吃。当年无论是送粉，还是拉盐，都是牛车一个一个拴上，一串一串地走着。

有一次，路上遇上了胡子。从前遇胡子、土匪那是家常便饭。外出得给他们预备"过路钱"。

那一次遇上的是草上飞、白菊会、红枪会、红鸡会，打死了不少的人。他们说自己是"刀枪不入"，哪有的事，双方一递枪（一开枪），倒下一大片，枪子都会入人体！

那年头，年节或是你作坊一开漏，就得想着给保甲送礼。保甲是一方水土的大爷，你不给他送，你休想开火开业。给保甲送粉分外讲究，粉条子要用席子打上捆，称为"粉包"，一捆一捆系上，两头要系上红带子，摞上摞，两个人抬着，去见人家。见面还要客客气气。往往说："×××保，大爷，请您尝尝今年的，品品味儿。费心啦。"给人送礼还要低三下四。

保甲装三摆四，说："放下吧。"脸上没一点笑模样。

当年，遍地传着，筵席都知晓，万宝粉条好。粉是漏出来了，可是麻烦也来了，送谁，没送谁，先送谁，后送谁，都有说道，一旦慢了或弄错了，就要遭殃。

有一年，我爹觉得都送到了，结果落下了一个在乌兰浩特管路卡的保甲，过年了，他找上门来了。说："姓倪的，今儿个我不走了。我看你吃不吃粉，你吃粉，我就吃，你不吃，就拉倒！"他说完，盘腿上炕，坐在了俺家炕头上。

那一年，我爹真上火，我们一家子没过好年。

四、格日其木格口述

我是这个屯的老人了。关于石头马槽子的事，我听村里人讲多次了。当年是一个中国军人，是给日本军官牵马的马夫，他恨那日本子，就一下子刺杀了那个日本大官，后来，他被日本人抓住杀害了。我的长辈们都是亲眼所见亲耳所听这件事，现在这马槽子还在我们村里用着。

格日其木格（岱文英）

俺们这个地方，日本人就像用木梳梳头一样，常来常往。当年还有一个十三团，叫什么开拓团。那时这一带东西大街，一条街，东边是日本人，西边是中国人，他们称自己是开拓团，但到了光复那一年（1945）他们毛了，他们败了。他们要回本土去。于是，自己割断了电话线，可是往哪边走，自己也不清楚，于是查地图，一查说是日本在东边、东南，于是决定奔东南。八月十五那天晚上，他们杀的猪，准备吃完肉，用粉条子炖猪肉，当地粉条子出名啊，然后第二天开拔。可是第二天一行动，中国人发现了，把他们堵在一个大沟堂里，双方展开了激烈的战斗，就是今天胡加土三队双庙子的"死人坑"。

俺们家都是古迹，院子里的这口古井、木槽子、水槽子，都是古董。这些东西，俺们留着，这都是村落的历史。

五、刘福民口述

在俺们东北的白城大平原，一提起粉条，家家都能讲出个边框四至，这是因为俺们这地方已形成了自己独立的粉业文化。洮南这地方，清光绪三十年（1904）建洮南府，领靖安，开通县，隶属盛京将军管，交通发达，南来北往的人多，车多，土产就一点点多了起来。可是什么东西也干不过俺们这里的粉业。

粉业，民间叫粉坊，自从有了倪家大粉坊，这一带就如土豆花开一片白，遍地起了粉坊了。"大帮轰"（20世纪六七十年代）的时候，我们全万宝乡有12个生产队开办粉坊。20世纪80年代刚开始，老倪家粉坊又重新开业，一下子带动了200多家民间粉坊，使这个村屯成了南北出名的粉业群体，万宝乡复盛村都成了吉林乃至东北三省最大的粉条生产基地了，成了当年的名乡。

老粉坊复出，得先注册呀，记得那时工商管理局管得可细了，什么都问，光表我就填了十多份，可是后来他们一听说是老粉坊、老粉匠，又在县志、乡土志和各种报纸材料上发现有记载万发粉条的各种人物和故事，于是这万发粉条以"倪家粉坊"为基础一下就批下来了。2006年，俺们第一个依法注册了粉条公司——吉林省万丝粉业有限公司，成为了窗口企业，把"万宝粉丝"提炼成"万丝"，这一下子可好听，也形象了。

这"万丝"是我想出来的。

记得有一天，我从乡里考察粉坊回来，往县里走，正是黎

万光成丝

明，县里上午要开会，汇报俺们发展粉业的事，可是，叫什么名字呢？那时下乡，都是骑自行车，这时，东方的太阳一点点出来了，那光芒开始很柔和，不久便从地平线上升起了万道霞光，照得我睁不开眼睛，我停下车子，揉揉眼睛，这时，我路过的村里粉坊的粉匠正在往架子上挂粉，我为了躲避阳光的直接照射，就在粉架子后停下来，擦擦眼睛想等一会儿再走。突然，我眼前出现了灵感，只见万道霞光，透过那一排排粉架子，映在晶莹的粉条上，呀！有一层层的五彩光芒从万条粉丝的缝隙间射过来，大地上一片灿烂。

啊，这是万种银丝间透出的多彩光芒。

这是阳光与粉丝的偶然组合，也是自然与历史的必然存在。丝，就是光；光，就是丝，万光成丝，万丝成形。一个新的名字一下子在我心间而生——万丝。

万丝，这数不尽的人类的历程，在这无数的光线与光线中走来，点缀得山川、大地无比的灿烂、辉煌。真是美妙极了。对，就叫这个名：万丝。

仿佛是千年的等待，这个切合实际的绚丽名称从此在生活中和社会实践中被传开。记得当时，我在会上讲了自己的"发现"，到会人员人人赞同，至此，"万丝牌"的粉就成了东北大地自然与生活和谐的像征，如今这也成为吉林省著名商标了。

倪家粉丝

我们的粉，主要是保持它不变味儿。

粉条这东西，炖啥是啥味儿，炖鱼是鱼味儿，炖肉是肉味儿，可是如果粉条子本身的味儿不纯，自然香味儿和土豆粉的纯朴味儿没了，你炖什么也不好吃了。因此不变味儿是我们的追求。当年为了保持俺们"万丝牌"粉条不变味儿，我们进行了长期的实践摸索，包括洗料、开磨、提浆、炕粉、叫瓢、下锅、提粉、晾粉的整个过程，都要做到时时精心，不能马虎，这样粉就不变味儿。后来民间老百姓传出一首顺口溜：

　　倪家粉，有粉气儿，

　　炖啥就是啥的味儿；

　　胖头鱼，胖头味儿，

　　小公鸡，公鸡味儿；

　　五花肉，五花味儿，

　　酸菜汤，酸菜味儿；

　　杀猪菜，香喷喷儿，

　　炖白菜，也带劲儿；

　　谁吃上一口也不忘味儿，

　　万丝粉条最带劲儿，

　　白城平原老家味儿；

　　传了一辈儿又一辈儿，

　　就是不离家乡味儿。

第四章

粉匠传奇

一、白城平原与土豆

白城茫茫雪原

风，扫过北方空旷的布奎草原，把初冬落下的雪冻硬，接着又来一场雪，又来一场雪，雪，照例被北土寒风冻硬，这些雪从此就再也不化了……

它就这样凝固在北方的荒原上了。

这里就是俗称八百里瀚海的白城平原，俗语查干浩特。白城，土语布奎（也叫卜奎），契丹语"白色的城子"。这里，冬季一层层厚雪、硬雪，把它涂成一片白，白得荒芜、寂寞。春夏，狂风搅起荒原上的碱土，漫天飞舞，它又成了白色，这"白色"之"城"地名真是形象而又逼真。雪风刺骨的"白"，荒凉的雪甸子的"白"，形成茫茫无涯的"白"……

许是周边也有绿，而且绿太多了，把它逼成了"白"？

它的西部是茫茫的昭乌达、哲里木、科尔沁，它的北面是无边的呼伦贝尔、兴安盟草甸；它的东和南是松花江和柳条边，那些被先人开垦的黄土沙尘刮白布奎边缘又被茫茫的瀚海沙碱土吞去了，于是那茫茫的白城布奎白碱土仿佛成了永恒不变的一片白土、荒土、沙原、荒原，没有人能够理解它。

突然，有一天，一个物种，理解了它。

白城平原的中心地带在稍靠西有个地方叫洮南，是因发源于兴安岭的一条洮儿河的水流过而得名。洮儿河穿过茫茫的兴安岭和呼伦贝尔西部，在白城平原冲积出一条河谷。当到达河谷南端时，河水匆匆向东流去，于是河谷就因在河之南，渐渐地便被人们称为"洮南"了。草原、沙原，由于它没有地标可寻，人们往往以江河流淌的方位来定名，这是人类的一种生存习惯。所以洮南也是自然所致，清朝时期，这儿就建了"洮南府"。

老洮南府府衙

　　清宣统三年（1911），孙中山领导的辛亥革命推翻了两千多年的封建专制君主制度，1912年1月1日宣告中华民国成立。可那时白城平原地区县级政权依然沿用着古老的清朝体制，到民国二年（1913）二月，奉天省改设东、西、南、北、中五路，即辽源、奉化、怀德、洮南、靖安，开通、镇东、安广等县属奉天北路，裁撤洮南府、大赉厅，分别改设洮南县、大赉县，民国三年（1914），靖安县改称洮安县。当年在洮南河谷以西，是紧靠哲里木、兴安岭一带的半起伏山岭，它们遮住了从西部和北部呼伦贝尔刮来的季风，使得这一带形成一片天然的低平地势。冬季十分干冷，白毛风刮起炮烟雪冻得人无法出门；夏天白天日照时间长，夜里气温立刻下降，昼夜温差大，种啥啥不收，而且春夏一到雨季，洮儿河水泛滥，大水冲得白城平原出现一条大沟，又宽，又深，沟底却平坦无边。秋冬则开始干旱，便于大车、爬犁奔走，这便是洮儿河谷的特点。久而久之，洮儿河谷成了从前南到郭尔罗斯，西到哲里木、昭乌达，北到兴安岭、呼伦贝尔，东达松花江、黑龙江的肇原、萨尔图，南达黄龙府、宽城子（长春）的一条古老的通道，这儿周边土壤多属沙性黑钙土，别看不长别的庄稼，可是有一种植物，它却最喜欢在这儿生、在这儿长，那就是土豆。

土豆，学名马铃薯，原产于美洲，后来传入印度、日本，再从爪哇（马来西亚）传入我国。于是从此，这种植物就找到真正的家啦。

白城平原的洮儿河谷如万宝、野马、索伦、突泉，还有负茂（村名）、负盛、马鞍山、东开、那金、胡力吐、聚宝乡、二龙这一带的大片人家，就最爱种土豆。这种植物既抗旱又抗涝。春季，人们以快刀片儿把它从芽处割下一块埋在土里，不久它便顶着北方洮儿河谷的寒风破土而出，开始是黄嫩的小芽，接着长出翠绿的叶子，先是浅绿，后来就深绿，等到了初夏，它们便开花了。

土豆花，开得很好看，有白色和粉色之分，白中透着粉，粉中呈着白，又鲜又嫩，那是不同品种的象征。百姓一见土豆花开，心里就有底了。

> 冬天过，夏天来，
>
> 土豆花开一片白；

洮儿河

不再饥，不再饿，

圆圆土豆送福来。

马吃草，人吃菜，

一代一代又一代。

土豆一开花，老百姓就精神起来了，不会挨饿了。

在春季和夏初，当地人称"苦春头子"。因为头一年秋天打下的粮食往往在这一冬天已吃光，到了早春和初夏，正是家家没吃没喝的时候，而新的粮食和蔬菜还没下来，这时土豆一开花，生活就等于有盼头了，土豆给人带来了希望和快乐，因为土豆可以顶粮用，生活接续上了。

所以一到入伏土豆一刨出来，家家就再也不挨饿了，人们可以吃着土豆去铲地、收垄、薅草、施肥，接着秋收、打场。土豆真是个"宝"。

土豆这东西，它长得快，既可做菜，又可当粮，又好吃，又方便吃。它的做法也简单，可炒，可炖，可烀，可烤，它是家家最好的生活"朋友"。记得每个人小时候，在严寒的冬季，外面刮着暴风雪，人们不能出屋，只好围着火盆坐在炕头上猫冬，干什么呢？有两个事最有趣了——那就是烧土豆和烤土豆片！

烧土豆，往往是在灶坑和火盆里。

把土豆埋在自家的灶坑或炕上的火盆灰里，不久，就会有一股香香的土豆气味儿飘来。啊呀，小孩乐得在地上直蹦跶，等着爷爷奶奶将烧熟的土豆从灰里扒出来，一捏，稀软，稀面，有一股奇特的香味儿，连土豆皮儿都艮纠纠的（有咬头），好吃极了。

土豆片儿往往是在炉盖（火炉子盖）上烤。

把土豆切成一片片的，不薄不厚，一片片儿贴在烧得滚热的炉盖上，炉筒子、炉壁上也行。不一会儿，只见那白白的土豆片儿一点点变成金黄，片儿上鼓起一层小黄泡，接着香气立刻飘荡出来，人们揭下便吃，香透了……

北方人们的生活，往往都和土豆有着不解之缘。土豆在北方人的生活里是一年四季都在吃的主要粮食作物和蔬菜，更有人说，从小到大其实是"一年土豆半年粮"啊。于是那时，在适合土豆生长的白城平原和洮儿河谷，家家户户每家少则十垄八垄，多则三亩五亩，甚至十亩八亩都必须种土豆，特别是房前屋后，更有自家的园子里，种上几垄土豆，那是必须的。

在古老的白城平原，在茫茫的洮儿河谷，当家家把种土豆当成一种生活习惯必须去做的时候，一个新的难题出现了。那时，随着粮食逐渐接续上，生活水平逐渐提高，马铃薯也不用再充当"粮食"的角色啦。于是这种使人不挨饿的东西就出现了剩余，可是在生活中人们对土豆有感情，就是吃饱了，也不愿丢掉它，而土豆有一个弱点，它不太容易贮存……

冻　粉

首先是冬天，由于东北冬季很漫长，寒冷无比，就得把土豆堆在屋地上，它也容易受冻，一受冻，表皮儿发干，里面的瓤发黑，开始有点发甜，渐渐地发硬发艮，便不好吃了；而到了夏天，它更容易腐烂，一烂一个坑，渐渐整个烂掉，很可惜。怎么办呢？终于，当地的百姓悟出一个绝招。

在白城平原和洮儿河谷，这儿的土豆很特别，长得个头适中，皮儿薄，光滑，芽眼浅而少，淀粉含量最高，是加工粉条的优质原料。而且当地百姓知道做粉条不需要太大的投入，只要"四有"就行。

要有一间房，

要有一口缸，

要有一盘磨，

要有一头驴。

这"四有"对洮儿河谷的人家来说，那是家家可以投入的最简易资本呀，其实也是普通人家必备的生活用具。

而且，用马铃薯来加工粉条，无须任何添加剂。老百姓常说：

说干咱就干，

大缸揉上面；

压出粉剂子，

瓢里打出线；

下到大锅里，

水中转一转；

捞出就成粉，

集上挣大钱。

把白城做粉条说得生动又有趣儿。

白城平原的土豆粉富含多种有机矿物质、碳水化合物、膳食纤维、蛋白质、氨基酸，还有钙、镁、铁、钾、磷、钠等营养，这些珍贵的成分都在洮儿河谷季风暴雪烈日的吹刮和照晒下悄然形成了。且这里的粉有良好的原味性，它能吸收各种鲜美汤料的滋味，形成自己独特的气味和口感，吃起来方法多样又简单易学。可熟炒、凉拌、炖煮、熏酱、做汤、制馅、膨化等，已成为色、香、味各具特色的生活必备食料。炒肉、渍菜粉、肉炒粉、芹菜粉、猪肉撬板粉、猪肉炖粉条子、酸菜粉熬肉、猪肉白菜粉，甚至，就是干炖粉也好吃极了！

来人去客，婚丧嫁娶，没有一事离开过粉。粉就这样成为北方生活的"主角"，一个什么也代替不了的生活角色了。

二、倪家闯关东

清道光年间，山东登州（今蓬莱）有一户人家，当家人叫倪树春，领着一家八口人过活，可是道光二十四年（1849）秋，登州、文莱、蓬莱一带突遇大涝，百姓生计无着。

登州，是中国北方第一大古港。蓬莱是古代中国四大港口之一，是中国海上丝绸之路的北起点。远古时期，因蓬莱处于齐鲁渤黄海的交汇处，大海茫茫，骇浪滔天，使这里成为去往东海到达日本海和朝鲜半岛的第一佳地。秦始皇曾多次到达这里，并派遣徐福东渡日本去寻找长生不老之药；汉武帝曾八次到达这里，见远海上朦朦胧胧漂来三座仙山，于是他便为这三仙山起名为方丈、瀛洲、蓬莱，从此蓬莱仙岛的名称便被固定下来。这些典

粉 条

故在《山海经》与大量古籍中均有记述。蓬莱又是八仙文化发生地和我国古代道教全真教文化的发祥地。道教是中华民族的本土宗教,它以人化仙成道为追求,以人苦修苦炼并追求长生为根本,这使得中国民间神话中的代表人物八仙恰恰找到了自己的归处,于是"蓬莱"从此便成为人间仙境的代名词,也是传说中的八仙去往东海王母娘娘处参加蟠桃盛会并去寻觅长生不老之药的出发地点。还有大量的历史人物云集于此,戚继光、苏东坡、丘处机,包括徐福、八仙、郑和等一大批历史精灵之魂飘落在这片苍茫的海天之上,那是浓郁的历史和自然气息。

在这里还可以清晰见证历史上北方民族与中原的密切往来,那条东北亚古老的去往长安(今西安)的朝贡道,正是从今日大连、丹东一带的老铁山,经北隍城岛、南隍城岛、小钦岛、大钦岛、砣矶岛、高山岛、长山岛等岛屿，到达蓬莱，再从这儿换上马帮，经开封、洛阳、三门峡，到达唐都长安，再从这里穿越甘肃的张掖、武威、玉门等河西走廊，经过敦煌和新疆的塔克拉玛干和帕米尔高原，到达中亚、西亚、希腊和罗马，蓬莱就这样成为贯通南北的要道。

"日月不知鬓已改，乾坤尚许此身留。从今复起乡关梦，一片云飞天际头。"戚继光的辞赋记载了他与蓬莱的关系，他年轻时与父亲守卫蓬莱海疆，老时在故土感叹朝廷奸臣害他，在苍海故土叹思人生。许多名人宿将、文人过客把自己的诗文留在了蓬莱。唐和渤海时期，北土之人先后于渤海、黄海的安东，东海的"毛岭口"（今珲春）一带建立了船场，造海船，以其将上京、中京、东京和辽南一带的土特产"贡品"安全送达蓬莱，再去往大唐长安。

日子实在过不下去啦，中原人自古有一种迁徙的习惯：闯关东。下关东到东北谋生去吧。当年在胶东一带闯关东只有一条路可走，那就是过海奔辽东。这个姓倪的老爷子领着一家人历经千辛万苦终于过海，来到了今天的辽宁瓦房店谋生，老爷子省吃俭用就是想让他的后人出人头地。开始时是种地、下海啥都干，挣下点积蓄就把儿子倪奎田送进了私塾。可是那年月，穷人有了知识又有什么用呢，中国的科举制度除了让少数人能走上仕途外，大部分人还得土里刨食。于是在瓦房店生活了六十多年之后，民国七年（1918），倪树春的儿子倪奎田便带着家人妻小继续往北逃生，他们来到了白城平原洮儿河谷一个叫塔拉垠的地方。

塔拉垠（就是今天洮南万宝乡的负盛屯），蒙语塔拉盖，是太胖太多的意思。什么太胖？什么太多？古语没有细说。只见茫茫的草甸沙原上有几根木头，可能是人家用来盖窝棚的；大，就是"胖"，后来塌了，于是又盖，所以当地老百姓说这是指房子"塌了"然后再"盖"，所以叫"塌了盖"（塔拉盖、塔拉垠）。民国十五年（1926），倪奎田的儿子倪尔忠四岁，与父母在塔拉垠（负盛屯）落了脚。

在父亲倪奎田的记忆里，儿子倪尔忠从小就精灵透顶。

记得那是他七八岁的时候，那年冬天和小伙伴们在洮儿河谷里下套子套兔子，这一天真的就套着了一只大兔子……那兔子带套子跑了，他一看脚印儿就对小伙伴说："别撵了。过两袋烟工夫再撵！"

另一个小伙伴叫秃子，他不干，非要撵，倪尔忠咋说他也不听，结果秃子跟踪追赶，到了河谷一处冰层前，那藏在冰壳下的伤兔子上去一口把秃子手指头给咬掉半截，而且死死咬着下半截不放，亏了倪尔忠赶来，救下了秃子。

民间这就叫"兔子急了也伤人"。

原来，小时的倪尔忠就熟知野生动物的脾气。他从那雪地上动物逃跑的脚印上，就知道这只兔子根本没伤太厉害。先不要撵它，得让它跑一会儿，消耗消耗它的体力。等过两袋烟工夫，它累得不行了，必在冰和雪壳上蹭，一蹭肚子里的屎出来，雪和冰一有臭味儿，再攥再追就万无一失，可是秃子不信才遭此祸。

从那之后，倪尔忠在小伙伴中就出了名啦。

倪尔忠从十五六岁起，已出息成一个膘膘溜直大个、壮实聪明的俊小伙啦。父亲倪奎田本来是教师出身，他给儿子起名"尔忠"，是说，儿呀，你要忠于祖先，咱先祖从山东半岛蓬莱闯关东到东北不易呀，你要成人，要干大事业，要有锦绣前程。父亲也给他起了个小名，叫鸿运。是说这样的人，应该有鸿运，这是祖上的德行。

三、勇护粉车

当年，由于洮儿河谷盛产土豆，几乎家家都开粉坊，而在野马、太平、万宝、那金一带，最出名的粉坊就属一家姓曲的粉坊了。这曲家粉坊是由曲伯盛、曲伯范老哥儿俩所开，他们的父亲老曲头是一个很有名望的老实农民，打眼一看挺土，但能干，他眼看土豆越种越多，就开上粉坊了。清朝乾隆年间曲家粉坊在这一带那是叫得最响的买卖，名号叫"天泰号"到曲伯盛这一辈上，这粉坊越开越大，在洮南王爷庙（今兴安盟乌兰浩特）、布奎（白城）一带十分有名，光伙计就雇了上百名，是有名的大粉坊买卖，家里有院套、炮台。

可是粉坊无论多大，其实程序相同，往往是十二个人一组，分烧火、炕粉面、打芡、下粉、捞粉、挂粉、晾粉、捆粉等工序生产。这也是个季节活，特别是一到入冬过年之前，各大小粉坊

粉坊晾粉（关云德剪纸）

同时开工，热气腾腾，村屯的上空雾气昭昭，云水茫茫，阳光下，一片片的粉架子，在阳光下闪着银色的光芒，连空气中和风中都刮着甜丝丝的粉香味儿，雪和冰都是土豆粉子味儿。这是北方的年的气味儿。

那时，曲家粉坊由于东家曲伯盛人缘好，劳金（工钱）从来不拖欠，所以来曲家作坊打工的人络绎不绝。因而制粉从入冬一直干到二月二，只在年根底下（年三十）至初六（称为歇工）吃劳金（干活的伙计）们才能放放年假，谁都得过年哪。老曲家的粉班伙计是分四个作坊，三班倒，日夜不停。所以曲家粉坊除了粉匠外，还雇了护院的炮手和院心（管理院子的把头）、后柜（管理吃喝的把头）、马头（专门管外出送粉的把头）等人，这些人也不下三四十。还有，由于这四个点的作坊碾子磨日夜旋转，很费磨心轴杆，所以，他们常常还得请石匠、铁匠、木匠、皮匠等工匠和手艺人来他家缠磨（修磨）干杂活，而且都得请"大手"（活好、手艺精的人）才行。这一年，转眼来到腊月中旬了，曲家粉坊院子是房上、房下、树上、仓房、窖里到处都堆满了粉，这都是给老主顾留的上等粉。

天泰号粉坊（关云德剪纸）

曲家天泰号是出名的大粉坊，粉条留不住，当年一些官家、买卖、庙上、头面人物、大户人家办事，都得提前到曲家粉坊"翻贴"订粉，不然来晚了，"贴"没"翻"上，就订不上货。

当年，曲伯盛老爷子乐坏了，他每天端着水烟袋，不停地在"贴"（专门挂着订粉牌的墙）下走来走去看谁家要粉，如王爷庙要二十车宽粉，二十车细粉；塔虎城"集头子"（大集的主持掌柜）要二十车杂粉；葛根庙喇嘛大年道场也要二十车。咳，这样下来，今年该是鸿运哪，这让老爷子天天乐得嘴都合不上了。

可是这一天，眼看已到了腊月十八了，突然传来一个消息，一下子让曲东家的牙床子肿得老高，说病就病得不行了。

这天早上，曲东家正在上房吃饭，院心孙二哥匆匆走进来，说："东家，有件事，得和你说呀！"

曲伯盛说："啥事，你这么急？"

院心说："这几天，好几家送粉车的掌包的都来退差了！"（不干了）

曲伯盛说："什么？他们退差？"

"嗯。他们不愿去了！"

"为啥？当初不都讲好的吗？"

"唉，听说起胡子啦。"

"啊？起胡子啦？"掌柜的一下子傻啦！

"是呀，路上不太平，人家不愿出车。这也是人之常情啊……"

"什么？人之常情？"

曲伯盛一听这话，急得"啪嚓"一声碗就掉在了炕上。

起胡子，这是东北的土语，就是闹土匪。

在东北，一到冬月底腊月初，东北的胡子就起来了，俗称"起胡子"。胡子，就是那种专门抢大户人家车马、堡寨、村屯的武装集团，他们有快枪、好马，而且忽聚忽散，来无影去无踪。特别是一些外出赶集、送公粮、送货的大队车伙子和爬犁队，是他们抢劫的重点，这种队有马又有钱，有货包子，油水大。特别是一到年关，胡子闹得更凶，民间叫"胡子红眼了"，这时候一般人家都害怕，大户人家当家的、孩子大人都得加小心，生怕被胡子"砸窑"（攻打村屯）、"绑票"（绑人质，以此来敲诈钱财），所以他们都不敢出门。可是，像曲东家粉坊这样的人家，不出门也不行啊！得外出送货呀！

于是，老曲家掌柜的曲伯盛下了决心，无论如何，必得把这批粉送出去，不然的话，你漏再多的粉，卖不出去不等于瞎钱吗？他相信古语有一句话：高价之下，必有勇夫。他于是召集了三十挂大车，选出了十五名"炮手"（跟车，押车外出，枪打得好的人），专门护送粉车去往王爷庙和白音塔拉一带。可是伙计们都不愿接这个活，而且退活的人很多，给多大的价也没人押这个车。

有的伙计说："东家，不是俺不去，俺家有老小哇！"

有的说："东家，我还没成家立业呀，一旦有个三长两短，不是连香火都耽误了吗？"

谁也不愿去接这个手。

眼瞅着来到腊月二十三小年了，再不出车，年三十回不来，这一季的活就等于白干，曲伯盛彻底放倒啦，他卧炕不起，牙床子肿得老高，地炉子上整天熬着中药，药壶整日"咕嘟咕嘟"冒泡翻花，一屋子一院子药味儿，人们急得出出进进，谁也不敢大声说话。东家已经愁得三天不进饭食啦！

曲伯盛那年已过而立之年，他有一大帮孩子，老大是丫头，名叫曲世英，下边还有弟弟和妹子。老大曲世英看爹急成这样，就去找她认为最有威望的院心孙大叔，说："大叔，你说，难道伙计里就没一个敢接这鞭的人？就找不出一个像样的汉子？"

倪尔忠当年缠过的老磨

　　孙大叔说："孩子呀，不是大叔不帮你，关键时刻，人都躲了。你要不信，你随我来一趟。"

　　于是，这天晌午歇晌时，世英假装给伙计们送水，跟随孙院心来到了她家工棚子伙计们住的屋里，那里，里屋有一帮粉匠工匠在歇气，外屋有一个缠磨的石匠在干活。

　　孙大叔走进去，对大伙说："我说兄弟们，如今眼下，东家都愁得不行了，你们就不能可怜可怜他？"

大伙说："咋个可怜？谁敢可怜？可怜就得出车，出车就是送死。哼，你说得轻巧。我们可怜他，谁可怜俺们？"

孙院心说："你们这些个没良心的，平时东家对你们也不薄，到艮劲上，你们一个个都拉松套，还他妈叫个人吗？"

伙计们七嘴八舌地说："大叔，你说得好听，这叫送死。你咋不去？"

大叔孙院心说："唉，我如果像你们这般年纪，我就接这个鞭！可我如今，腿脚不行了，出不去呀！"

大伙说："所以你就少放这个屁！"

突然，就听外屋有一个声音说："大叔，我去。"

声音不大，却落地有声。大伙循声望去，只见是被东家请来缠磨修理粉坊工具的塔拉垠后屯的石匠倪尔忠。

提起为啥倪尔忠这样慷慨接话，原因有二：一是石匠和粉匠本身就是一对"亲兄弟"；二是曲家对倪家有大难之功啊。

粉匠和石匠是亲哥们儿，因此老倪家和老曲家相好有渊源。提起这事啊，还有一段让人难忘的磨难。原来他在长春（宽城子）打工的时候，被日本的一个秘密细菌工厂盯上了……

四、魔窟逃生

从前，长春日本细菌工厂遗址就是现在处于汽车厂散热器厂院内，过去是日本专门从事细菌试验的 100 号部队所在地。提起臭名昭著的 100 号部队，长春老人几乎都知道，表面上这是一个用动物来做试验的专业化部队，实际上干的是包括活人在内的"活体"试验的秘密杀人工厂，对外称"关东军军马防疫站"。

当年，设立在长春市区西北的这个 100 号部队占地面积为 6000 多平方米，分细菌培植室、解剖室、火化室（炼人炉）、火化厂的冷水处理塔、马舍和动物喂养地，还有一块占地面积达 60 多垧的"实验"农场和一个 20 多垧的牧场。

1939 年 6 月，长春当年很闷热。这日，在新京一个铁木厂干活的倪尔忠上街去买铁木工具。卖工具的地方，今东大桥东北处机械修配厂院里。这儿从前是白俄火车机车修理厂，日俄战争后被日本满山株式会社接管，专门卖一些工具，中午太阳一照，天更燥热，倪尔忠准备到水房子去接碗水喝。一个仓库工头来了，说："你是倪尔忠？门房处有人请你。"

门房，就相当于现在的收发室或传达室。他就去了。

一进门，他就看见里边站着两位穿着协和服的人，心中不觉一愣。

因为在当年，各种穿戴不一样。工人有工人的制服，学生有学生的装束。而对于那些整天穿着协和服的人一般人不好确认他们的身份，所以他心里多少有些紧张。

"你是倪尔忠吗？"他们表面上还很和气。

"是呀。有什么事呢？"

"有些事情想询问你一下。"于是这两人走上来一左一右扶着倪尔忠离开了门房。一出屋，两个人的脸色可就冷下来了。他们使劲拧住倪尔忠的胳膊，一下子将他推到门房不远处道边上停着的一辆黑色的汽车上，那车"忽"一下开走了。

不一会儿，汽车开到了倪尔忠的住处。到今天倪尔忠也感到奇怪，这些人是怎么知道他的家的呢？进到屋，他们便在屋里开翻。

他们这一翻，倪尔忠明白对方的意图了。他知道准是自己参加"读书会"的事暴露了。多亏他在几天前已将一些进步书籍和刊物转移走或藏匿起来了，所以现在他反而平静下来了。

翻了一气什么也没找到。他们非常生气，对倪尔忠一顿拳打脚踢，两个人又架着他使劲往外拖。然后把他推上汽车就拉走了。拉哪儿去了？原来直奔伪满首都警察厅（现长春市公安局）。

当年，日伪在东北长春的统治十分残酷，特别是到了1937他们发动了芦沟桥事变时期，日本一方面对外扩大战争的范围，一方面又害怕他们的"后方"所谓统治区域治安状况不好，于是加紧对他们的所谓统治区域进行"治安肃整"，就是对进步青年、市民和学生进行高压和军事管制，而这些"任务"都交给了当年伪首都警察厅的特务科去执行。这些特务平时一会儿着军装，一会儿着便衣，可以任意地随时在市区内和街上抓人、捕人。甚至看你不顺眼也可以给你编上一个莫须有的罪名而带走。而他们的主控对象便是进步青年和抗日力量。

进了警察厅，直接进了外事科。

外事科的两个着装的警察先让倪尔忠填了一个单子，无外乎是什么籍贯、职业。在抓捕理由一栏内写着"反满分子"的字样。这时，倪尔忠喊着："我要解手！"

日本人骂道："八格！"

倪尔忠强烈抗议，仍要小便。他们于是带他出去。

到门口处，倪尔忠隐隐约约地听到他们用日语讲话的字眼里有"马路达"的字音，不由得心下一惊。马路达，日语是"木头"。他们怎么突然提起"木头"？而且还和"人"连在一起？人如果被当作木头，是用来做什么用呢？

他当时是完全不知，其实一个恐怖的历程即将开始。

他从厕所里出来，上来两个人又架起他。

而这时，不是往方才的外事科走，而是架着他直奔门外。刚出大门，他的头上被人套上了一个又脏又臭的黑布套子。他的双手也被捆绑住了，直接推上了停在外面的另一辆黑色的囚车。

这时，倪尔忠已什么也看不到了。他只觉着汽车已开出了伪首都警察厅的院子，好像先是往北，又往西，转来转去，他一下子就记不住方向了。转了有三四十分钟的光景，汽车在一个地方停了下来。有人喊："下车！下车！"

有人把他一下子推下车来。

他当时不知这是什么地方，其实这里就是100号部队的试验基地。当时伪首都警察厅在这里专门设了一个"100号部队特务科"，这个科的"特殊"任务就是把一些涉嫌破坏伪满"治安法"的人员带到这里审，能审出结果的就"判刑"，审不出结果的或身份复杂的，就直接投到 100 号部队的试验室里，进行解剖，或制成活体标本，成为细菌试验材料，日语称"马路达"（木头）。

下了车他被摘下头套。抬头一看，眼前是一栋大房子，他被推进走廊才发现，里面是若干小房间。一个人指着写有"四号"的房间说："倪尔忠，进去!"

他刚要进，又被喊回来，勒令他抽下皮带，脱下鞋子，然后一脚将他踢进去。

倪尔忠一个嘴啃泥，跌在地上。

这时，他忽然觉得伸来一双手扶他。原来，里面还有一个人。

这是一个不足四平米的监舍。里面又黑又暗不见阳光，有人在里边该是多么亲切呀。那人把他扶起来，并亲切地和他拥抱在一起。

经过互相介绍，倪尔忠才知道，这位先期被捕进来的人也是长春的进步青年，叫张凤祥。他是伪长春医科大学的学生，因参加了和爱国读书会一样的一个叫"铁血同盟"的组织而被捕入狱，已经在这里被关押两年多了。

"比你大两岁，你就叫我大哥吧。"经过互相介绍，两人很快成了患难之交。又经过张凤祥的介绍，倪尔忠才更加知道了这里的一些情况。

原来，这里表面上是日本关东军军马防疫站，而日本首都警察厅特务科的特务分室也秘密地建在这里。这座房舍是东西走向，东侧是马圈马舍，紧挨着是厨房、职工饭厅、值班室、犯人衣库，然后是监舍。监舍分两排。这些监舍的对面，经过一个走廊又是一排监舍，互相可以对望。张凤祥告诉倪尔忠，这里的在押人员有男有女，有老有少，甚至还有一对白俄犯人。

白俄也被关押在这里？他们犯了什么罪呢？见倪尔忠觉得惊奇，张凤祥笑了。他说："尔忠，说起来你简直不能相信，捕这个白俄犯人的理由竟然是因为日本人在收购白俄汽车公司时对方少给了45卢布……"

听张凤祥介绍倪尔忠才知道，这个叫戈里戈维奇的白俄原是一个机械管理工程师，日俄战争之前来到东清铁路管理处。这期间他以私人资产在吉林市和长春市的俄人附属地—匡街至东大桥段分别开设了一个白俄汽车运输公司。在1904年俄国人战败之后，塞尔维亚人、图里皮纳人纷纷变卖产业撤离，由于戈里戈维奇要吉林市长春市两头奔跑，加之白俄汽车公司一直没有出手，一拖就拖到1931年日本人全面占领东北，对在长的所有白俄地产进行"收买"。当时妻子已怀有身孕，戈里戈维奇就和日本人讲价。到1936年，日本人强行将戈里戈维奇的白俄汽车公司收购，又据说戈里戈维奇感到很不公平，少给了他们45卢布才被日本特务机构抓进了这里。当时抓来的是他们一家。后来妻子病死在监舍里，如今只剩下戈里戈维奇和他八九岁的儿子……

"我们都叫他'戈里'……"张凤祥指指走廊对面的七号监舍,"他们就住那里。快看,小戈里正向外瞭望!"

倪尔忠顺着张凤祥的手指看去,果见七号监舍的门上小铁窗口透过层层铁栅栏有一张小脸。那是一张漂亮的图里皮纳河流域种族儿童的小脸。金黄的头发下,一双毛噜噜的大眼,但眼神十分忧郁。那小铁窗很高,孩子肯定达不到这个高度,可以肯定地说是老戈里托起了自己的儿子小戈里,让他透透风。在小戈里的脚下,是父亲喘着粗气的身躯。

这时张凤祥说:"倪尔忠,不久他们便会审你。"

"审我?"

"你要有些应对。"

"应对……"

"在这里,一点不说,他们会活活地打死你。"

"那怎么办呢?"

"我们要活着出去,奔解放区。审你时,提一些没用的。就说是在路上捡到的《共产党宣言》,或说一些走的跑的人给的。让他们谁也抓不到。"

"好。"

"其实,你已被人跟踪好久了。这是第二次对爱国青年大逮捕。每一次都有很多人被他们抓走。你要准备吃苦、受罪。我们争取活着走出这里。"

倪尔忠被抓到 100 号部队的当天夜里没有审问他。

早上，他被一阵"咣当当、咣当当"响的有轨电车声惊醒，而且还有飞机的轰鸣声，他觉得，这里离机场也不远。而且，时不时从监舍的西侧会传来马的嘶鸣，那是一匹匹的马被牵出去或被牵回来。

他又觉出他们是和马住在一个房子里，这里与马的动静不隔音，甚至马放屁和马舍的气味儿也会从墙的木缝和泥皮间飘荡过来。

快到中午时，送来了早饭。

先是听到监舍的走廊里有木屐拖地的声响，张凤祥说那是日本厨师脚上穿的鞋子的响声。这该是一种多么美妙的声音啊。这时候，和倪尔忠一样，一个个早已是饥肠辘辘的人正在倾听和等待着，可是，那种脚步声总是不紧不慢地移动着，迟迟不来到人们的门口。

终于，等到了。那个脚穿木鞋、脖子上搭着一条白手巾的厨师，从他提着的木桶里拿出一个小木盒递过来。

这是木制的日式饭盒，比东北大块豆腐大不了多少。

小盖是抽拉的。一拉开，里面是不到拳头大小的一堆高粱米饭，另一边是一片白萝卜……

见到饭，倪尔忠知道自己已饿得不行了，他慌忙打开木盒，三口两口就将饭和萝卜吞了下去。认真算来，他从昨天被捕，到现在已经一天一夜没有吃饭了。

"慢——！"

张凤祥接自己饭盒后帽子掉在了地上。他弯腰去拾帽子的工夫，倪尔忠已经吞完了自己的早餐。看着倪尔忠正舔着空饭盒，张凤祥后悔不已。他连连摇头说："倪尔忠，在这里吃饭不是你这种吃法……"

"怎么吃法？"

"要一粒一粒去吃！"

大约历来审问在押犯人都在夜里，长春100部队"关东军军马防疫站"也不例外。这天夜里，已经是九点多钟了，外边突然有人踢开了监舍的门喊道："欧其——！"

这是日语"起来"的意思。

倪尔忠和张凤祥站起来。走进一个人把倪尔忠押走了。

出了门，就是监舍的走廊。倪尔忠向两边望去，各个监舍的临门小铁窗里都有人在默默地望着他。

那里有他熟悉的或不太熟悉的眼神……

两天来，经过张凤祥的介绍他已知道这里关押着十多名青年学生，有国通（伪满洲国通讯社）记者郝更、张宝人、黄振梁。还有一个女记者叫关媛湘。还有教师孙振金和张凤祥的同学刘宝巨等。

这些张凤祥熟悉的面孔一张张地在他面前过去，只是七号监舍老戈里和小戈里没有露面。押在六号监舍的孙振金老师还在铁门里朝他挥挥手……

张凤祥悄悄地告诉倪尔忠，孙振金老师曾经在一次"读书会"学员集会时教大家唱《黄河大合唱》《义勇军进行曲》。那时，这些歌在学校公开唱便会遭到逮捕，而普及这些歌又是"读书会"的主要任务。当年，读书会的工作主要有四项。这个组织是由长春地下党领导的外围青年抗日组织团体，往往都是单线联系从事活动，集会也是在极其秘密的情况下进行。第一项主要任务是传阅进步书刊。

那时的进步书刊主要是《三民主义》《大众哲学》《英法革命史》《俄国革命史》，包括鲁迅、巴金和矛盾等人的作品也被列为"禁书"。当时有一本进步刊物叫《烽火》，是一个叫陈国荣的人用美浓纸复写出版发行。

这是一本不定期出版的刊物，青年们很愿意读。上面经常介绍一些革命的语录和信息。

读书会的第二项主要任务就是宣传和介绍革命信息，鼓励大家参加革命活动。

第三项主要任务是不定期举行大型纪念活动，或抗议日本人逮捕杀害抗日烈士，向死难的人员致敬等。如有一次由长春地下党员任学谦（此人归地下党罗大一领导）等二十多人在长春南湖公园的树林子里举行集会，当时张凤祥也参加了。

第四项是介绍青年学生到关内去参加抗日。往往是先由读书会开具证明到北京换介绍信，再开往鲁南游击军分区或西安（国民党统治区），然后辗转去延安和重庆。

"快快地走——!"倪尔忠思索着的时候屁股上已狠狠地挨了

一脚。

审讯室在这栋监舍的南侧。紧挨着养着数十匹马的马厩。

倪尔忠被带进审讯室，抬头一看，不由得大吃一惊。只见这是一间有四五十平方米大小的地方，中间隔着一块大玻璃，透过玻璃里面也有四五十平方米的地方。不同的是头一个大屋地上摆满了刑具，什么老虎凳、钢丝架、绑人的木柱子、灌辣椒水的木桶，还有房上吊下的几根大绳。倪尔忠知道，这叫"大挂"。

大挂是用来将人吊起，然后悠打灌水。

地上还有一个圆圆的铁皮炉子里烧着红红的炭火，三四把烙铁插在里边……

玻璃后面的大屋相对"干净"一些。

那里面是白白的墙。但是，墙上挂着的一些东西让人不寒而栗，原来都是什么剪子、镊子、锯人骨头的骨锯，还有吊挂人体脏器用的挂架。

倪尔忠明白，这些东西应该是医学研究机构用的。但如今怎么会挂在这里他当时还不明白。

还没等他想透，一个早已坐在前边大屋一张桌子后边的日本军人向他走来。他还没有看清那人的长相，就觉得有拳头在他的两腮左右开弓打来。倪尔忠只觉得两眼冒金星，昏倒在地。

"起来！"打他的那个人恶狠狠地抓住倪尔忠的前衣襟，把他又拉了起来，说，"我叫水野。看着我！"

倪尔忠抹了一把嘴角流出的咸咸的血水，见眼前的水野是一个五大三粗的日本军人。连毛胡子，戴着一副圆圆镜片的黑框眼镜，鼻孔下边的二号屎壳郎胡由于激动正在随着他牙根的咬动而上下左右晃动着，时而咧开的嘴唇后边的一排粗糙而不整齐的白牙仿佛一口能把人的喉咙咬断。嘴里喷出浓浓的烟臭，那牙又左右动了动发出声音："重复一遍，我叫水野！"

倪尔忠平时看去是个挺文静的青年，给人的印象是有些文弱。可此时，面对这个自我介绍叫"水野"的人，他十分恶心，因此他只是直直地盯着对方，一言不发。

"说，说一遍！"

突然，水野一使眼色，有两名手持四棱棒子的人朝他走来。到了他面前不由分说抡起四棱棒子朝他的小腿骨正面猛地打去。

"啊——！啊呀——！"

一股钻心剧痛从骨缝传来。倪尔忠再也忍不住了，他觉得自己的腿骨已裂了，他在地上翻滚着、苦叫着。可是，两个打手仍不住手。

这时，嘴里喷着臭气的水野在一旁哈哈大笑起来。

突然，水野停止了笑。他用下巴对两个打手往上一指，嘴里发出"咹"的一声。只见两个打手扔下四棱棒子，从兜里掏出一团细麻绳。

他们分别扭住倪尔忠的胳膊，用细麻绳紧紧勒住他的大拇指，接着又将细麻绳的另一端连接在从房上悬下来的"大挂"上。水野一按他身边的一个电钮，倪尔忠"哎呀"苦叫一声就被

"大挂"猛地吊在了空中。他忍着仿佛已经断裂的脖子痛低头一看，两条腿的腿骨已经皮开肉绽，鲜血从脚心处不停地往下淌。

叭——！叭——！

吊在 100 号部队刑讯室大挂上的倪尔忠，不断地挨着两个日本打手抽来的皮鞭。他身上已是皮开肉绽，鲜血淋淋，但他们还是不停手。

打手打累了的时候，水野便叼着烟卷，嘴里喷着臭气走上前来对倪尔忠发话，你都看过哪些"反满"书籍，写过什么反日宣传标语，还有谁和你一块儿干过以上的事，他们都叫什么名字，如今都在哪里居住……

对于这一切询问，倪尔忠都说没干过，或不知道。

于是，接下来便是更猛的毒打。

倪尔忠一阵阵昏死过去。这时，天渐渐地亮了。

他已被足足地折磨了一夜。

昏昏沉沉之中，倪尔忠突然听到有人在说道：

"阿弥陀佛——！善哉，善哉——！"

是谁在说话？这么善良的语言？

他慢慢地睁开滴血的眼睛，只见从刑讯室的大门另一侧走进一个身穿黑衣道袍的道人。

这人个子不高，而且还显得有些消瘦，年龄已在六十开外，穿着一身黑黑的道袍，剃光的头上有出家人的出戒斑点，是那么清晰显眼。他的脖子上挂着一长串又大又白的佛珠，直拖在微微凸起的肚子上。左手伸掌，右手握着一串念珠，不断捻动，口中正在念念有词。

"啊，善哉，罪过。是什么使得生命如此涂炭，遭受罪孽和苦难？青年的性命啊，都毁在一些恶人的手里。怎么能这样地折磨青年？放下来！快快地放下来。"

"哈依——！"（是）水野竟然对这个人打了个立正。

当下，水野命令旁边的两个打手将倪尔忠从房梁的大挂上卸了下来。水野走上来，摸摸倪尔忠的头，说："算你有福。我们的黑衣司令见你可怜，才给你松绑，不然我会要了你的命。记住，司令问你，你要如实地说来，千万别装糊涂。记住了吗？"

"你快快地出去吧！"突然，黑衣道人责骂着水野，又马上闭目念道，"阿弥陀佛。"

水野立即溜溜地走了。

"我的孩子，让你受苦了。"这时，黑衣道人走上来，他伸手摸着倪尔忠的头，连连摇头，说，"说吧，只要说出你心中隐藏的秘密，一切很快都将过去。说，说说看。都有谁和你一起传着《义勇军进行曲》？说吧，你不该再瞒我！"

倪尔忠一抬头，他发现黑衣道人那表面慈悲的眼神后边是一种冷冷的杀气，那是中国民间传说中的带来"血光之灾"的恐怖面相。倪尔忠吓得惊恐地向后退去。这时黑衣道人反而急忙闭上了双目，嘴里说："一切教化未开。先带下去，留我一点点受用。"

什么？一点点受用？他要干什么？受用，是"吃"的意思呀！

倪尔忠怎么也想不通黑衣道人后面的话的意思。于是他被人拖回了监舍。

倪尔忠遭受刑讯的第三天，身上的伤口开始溃烂。一开始，他的腿被木棒和皮鞭击打处由青变紫，然后再变成黑色，后来，渐渐地结结痂了。这时，日本医生来到了监舍。

日本医生一男一女，都戴着大口罩。

黑衣道人口中念念有词站在监舍外……

那个女军医先在倪尔忠发黑的腿伤周围涂上一种黄色的消炎碘酒，男军医便弯下腰来，用放大镜在伤口周边仔细地打量、观察，并记下一些数据。

一切，仿佛挺亲切和人道。

其实，他和张凤祥他们还都不知道，也不可能知道，这里的日本人是在用人体包括人伤口上生成的细菌来培植一种免疫药品用于他们的军事实战。

在100号部队里，他们用"人体"来进行试验开始还是偷偷摸摸的，因为他们公开的菌类试验载体是马匹和老鼠。被用来试验的马舍紧挨着人的监舍。而其实，这一带被试验的还有牛和羊。

马舍牛舍羊舍共有七幢。每幢间隔15米，房舍长80米，宽12米，高6米。这个秘密细菌研发基地主要是制造炭疽病菌，然后让炭疽病菌再设法侵入人、畜和植物体内，接着再观察人或动植物被侵害后的种种症状……

以侵害动物为主，这种侵害后的疾病又叫"脾脱疽"。脾脱疽细菌是当时国际法中严禁生产和传播的细菌品种。

这种细菌是富有耐久性的炭疽菌。每当这种菌由人或畜的伤口进入，或混在食物里进入到动物体内就会立即发病。在发高烧条件下，全身黏膜出血，一至两天内人或动物就会立刻死亡。

还有鼻疽菌，是马牛羊等牲畜的传染病。

100 号部队常常把注射过这种病菌的马牛羊赶进他们认为是"敌占区"（往往是抗联或中国百姓、村庄的草地）的地方去放牧，于是军马和家畜就会接二连三地感染。先是从鼻子里流出大量鼻涕，然后两周内死亡，而饲养这些牛马或动物的饲养人员也会离奇死亡。

这个秘密细菌工厂还少量生产赤锈菌、斑驳病细菌、牛瘟和羊瘟细菌。

据日本田清三郎在《细菌战争军事审判》和王亚晖先生在《孟家屯日寇细菌工厂的纪实》一文中记载，从 1941 年到 1942 年，只一年时间里 100 号部队就在这里生产制造出 1000 余公斤炭疽菌，500 多公斤鼻疽菌，其他化学毒药 100 公斤。当然，这也是当年在这里从事专项负责的高桥其人的保守数字。

除大动物饲养基地外，还有小动物饲养基地。

小动物，主要指老鼠。

就在火化场西 20 米左右的地方坐落着三幢并排的红砖房，这就是日本长春细菌工厂的老鼠饲养基地。

老鼠大批地装在一个个四四方方的铁笼子里。试验开始或从老鼠身上提取病毒，或把病毒注射进老鼠的体内，然后再放出去让它们互相咬对方，或人或其他动物。接着再计算和统计被咬过的人或动物有什么反应，反应程度、时间、病状，直至最后死亡的情绪和姿态。真是太残忍了。

这天，发生了这样一件事。

夏天的时候，日本人水野和高桥等人喜欢吃黄瓜。早上，他们发现一个菜农挑着黄瓜路过"马疫所"门口，就将他叫了进来。长春农民实在，卖了黄瓜要走。可是高桥让他先到一个碉堡里去等一等，马上送钱来。

这个农民叫"小于子"，家里有老人和三个孩子，生活上全靠他种菜卖菜来维持，他不知日本人的歹毒用心，便按高桥的指示在碉堡里的一个木凳上坐下了。这时，碉堡的铁门突然间关闭了……

小于子觉得奇怪，就站起来去推铁门，可是脚下一下子陷进去了，再一看，底下是一个洞穴，他低头一看，原来是一个老鼠窝，里面灰乎乎一堆老鼠在爬。

他吓得赶忙抽脚，可是已经晚了。

只见几只老鼠冲上他的脚和腿，疯了一样去嗑啃他的皮肉。小于子大喊救命，好半天高桥才派人送黄瓜钱来。小于子带着伤慌忙回家了。

其实他不知道，这是日本人故意安排的一种"鼠疫传播"试验，小于子已经成了一个"传染"载体。倪尔忠听送饭的日本女厨子送饭时和另一个厨子说"马路达回屯子了""曲家粉坊要遭殃"的话。

小于子家住在 100 号部队西北 30 公里的曲家粉坊屯。

他卖黄瓜被老鼠咬后，回去就发高烧。只有三五天的工夫全身的淋巴结由梅子般大小长得像柑橘一样大，浑身出现严重脱水症状，接着全身发黑，不久便出现了严重的肺炎症状，口中不停地吐着血痰，呼吸困难，接下来就出现了心脏麻痹和肺水肿，一个星期左右小于子便死了。死后，他的尸体都是黑颜色的，被称为"黑死病"。

而可怜的小于子父母、妻子和孩子全家七口人，接着都得了这个怪病而亡。

张凤祥对日本人给倪尔忠的治疗心有戒备。当时军医一离开监舍，张凤祥便对倪尔忠说："快，撸开裤子！"然后他把窗台上的一杯清水猛地泼在那发黑的伤口边缘，然后又慢慢地擦去日本人给涂上的药膏。

倪尔忠咬牙挺着疼痛。但他明白，这是自己民族兄弟般的友情，是值得信赖的情感。这时，监舍外传来缓慢的脚步声，是水野领着监舍哨在查监。倪尔忠和张凤祥赶紧躲进黑暗的角落里。

关押在这里的人就是不被打死折磨死，也得饿死。

每天，每人照样是两顿饭，每顿一人大约三两高粱米饭……

有了上回的"教训"，倪尔忠也学会了"新吃法"。

所谓新吃法，就是把这三两高粱米饭分割成若干份；每一份大约有二三十粒；然后再一粒粒放进嘴里去吃。

一是饭太少。要真吃，三口两口就完事，更饿。

二是一天两顿饭，一粒一粒吃可以打发漫长而寂寞的时间。还有，这种日本做的高粱米饭也适合人一粒一粒去吃。

那高粱米饭，是水捞饭。日本人是克扣中国人的出名的算计者。他们先是用水煮高粱米，当高粱米中的营养都被煮出来后立刻捞出，再把高粱投入到冷水中洗泡。这时，那一粒一粒的高粱米邦邦地硬，已经没有一点养分，好像一颗颗小石头，然后他们再盛到饭盒里留给中国的在押者。

而那有营养的米汤，则留给他们自己喝；或者倒在马牛和老鼠的槽子或食盆里，也不给中国人。

一粒，一粒……

倪尔忠把高粱米饭粒投入嘴里。

他先用舌头卷住这粒米，仔细地感觉着品味着米的气味儿，让鼻孔深深地吸着这粒米的味道，这时他的眼中不觉涌出了大颗的泪花……

日本鬼子，这些丧尽了天良的家伙，他们侵占了人家的国土，不但剥夺了人家的生存权利，还百般地虐待着人家的子民。这些该天杀的东西，这个狗日的世道，什么时候是个头？

倪尔忠在心底恨恨地骂道。然后，他再小心翼翼地，恋恋不舍地，慢慢地用牙去碰这粒米。让牙把它磨成粉浆，再慢慢地吞下去。

接着，第二粒米再投入口中。

进入夏季以后，旷野上开始蚊虫四生。监舍四处不通风，白天和夜里都是闷热难当。

随着饥饿而来的就是难奈的干渴。

每人每天只是送饭时给一小点水，关在这里的青年学生和进步人士一个个的早已坚持不住。

这天夜里，天已连续干旱多日，天空响了几次雷，却不见落下雨点。

倪尔忠和张凤祥渴得互相喝尿。后来，尿也尿不出来了。这时倪尔忠觉得自己嗓子眼儿冒烟实在挺不住了，他双手摇着监舍门大喊："我渴！我要喝水，要喝水！"

开始，没人理。后来，走廊里过来一个年岁大一些的日本兵。倪尔忠苦苦哀求道："先生，给点水，干渴呀，我们是人，已经受不了啦！"

于是，那人给他一杯水。他慌忙喝下，又喊："不行！再给点……"

"没了！"日本人火了，再也不理他了。

一晃，倪尔忠失踪已经两个多月了。

日本人建立这样的细菌研究机构，牛马羊鼠他们可以去买来，而人是最好的研究材料，这就只有靠他们去抓、去骗了。

而收进这里的"犯人"难有生路。

这天早上，七号监舍突然传出老戈里的叫骂。

"畜生们——！赶快来！人要不行了……"

老戈里多年在中国经商开厂，已是一个中国通。他汉语说得很好。原来这些日子，他的儿子小戈里感冒了。

跑来两名监舍军医，将小戈里领出来。

小戈里就是感冒，人好好的。临走，还和父亲老戈里打招呼："父亲，我去去就来。"

老戈里也要跟着，但被日本军医推了回去。

老戈里好像犹豫了一下就停住了脚步。但是他万万没有想到，这是他与儿子的最后一面。

那一夜，小戈里没有回到老戈里身边。

水野对老戈里解释，说小戈里发烧，疑是传染性疾病，需要隔离，现在在观察室里。

三天之后，老戈里拼命敲打铁门，要见儿子。

这时，日本军医把老戈里领到隔离室。只见儿子小戈里已经躺在冰冷的铁床上离开了人世……

老戈里一下子疯了。他一脚踢开隔离室的门，扑上去，抓水野和黑衣道人，被监警死死地按住。黑衣道人口中念着"善哉善哉"，又一使眼色，上来一个军医给老戈里也注射了一针。

这些针，表面上都标着"安静剂"字样。

当天晚上，老戈里没有回到第七监舍。

这天夜里，监舍走廊里静静的。没有了往日老戈里的说话声和叫骂声。但是，对于这一对白俄父子的命运，大伙都在猜测。

在这里，给一个人注射上一针就改变了人的命运的事是再普通不过的事了。据日本战犯平樱供认（《长春文史资料》第27期），100号部队为日本在中国细菌试验部第六分部，在"第六分部内确实制造了大量细菌和化学药品。我本人曾几次因事到过该分部附设的仓库。那里把细菌和烈性毒药保存在特种铁盒中。走进仓库时，必须先用浸透特种药水的布片把口鼻蒙上，并戴上橡皮手套时，才准许用手去挨那些铁盒子"。

解放后，当地农民清理100号部队遗址时，在一个仓库里挖出过"铁盒子"，这应该是装毒药的。

平樱还供认，"为了严守秘密，唯恐泄密，把这些铁盒子外面只标明用油漆写的号码，并无任何说明。100号部队还研究过进行军事破坏活动的形式和方法，例如，研究过用飞机来达到这种目的"。它和731部队研究和生产细菌的目的一样，都是为了进行大规模实战。1931年日军在诺门罕战役中使用了细菌武器，此后的1940年在浙江省的宁波地区，1941年在湖南常德地区，1943年在浙赣铁路沿线等地区，配合日军的进攻点都实施了细菌攻击战，同时造成大量无辜百姓的伤亡。在南京的1644部队（细菌战部队）的配合下，日军华北方面军第十二军于1943年8月至10月间在山东省西部卫河流域进行了代号为"方面军第十二军十八秋鲁西作战"的细菌战。二战结束后，据参加此次细菌战的时任日军第十二军军医部长的川岛清等众多战俘供认及中方统计数据显示，仅鲁西聊城、临清等18个县就有至少20万人惨死于这次细菌战。这些细菌都要由731、100号部队等若干细菌生产基地提供。所以如长春100号部队这样的重要生产基地，几乎每天每时每刻都在进行着罪恶的勾当。

外人进入长春100号部队院里，立刻有一种阴森森的感觉。

有一个叫迟泽的日本人，他有一次带领日本军需学校的学生去关东军100号部队参观。他写下了这样的感言：

"临近时，就感到它戒备十分森严，高深莫测。门前挂个假招牌，用拳头大小的字样写着：关东军军马防疫给水部。

"进入禁区前，需经过两道卡。头一道由穿便衣的人检查来者证件；第二道卡是两名日本宪兵查来人的通行证。禁区内用2.5米高的红砖墙围着。墙根处有电网，电网外面有两米多深的护墙壕，每50米处便立一个木牌，上面写着'立入严禁'四个字。

"禁区四周三华里是无人区。"

当时，先来这里的张凤祥告诉倪尔忠，就在这年的春天，100号部队为了扩建原区，从双阳抓来三百多名劳工干活。工程快结束时，日本人给每个劳工打了一针。有工人问："这是什么针？"

日本军医笑着说："给你们打的防疫针。"

"我们没有病，防什么疫？"

"不不。因为你们在'军马防疫站'里劳动，所以，完全是为了预防……"

可是，接下来这三百多名劳工就先后死去十分之三左右。

后来能够回去的，也都得上了严重的"虎烈拉"（霍乱）——大便不止，直到拉死。

在这之后，倪尔忠又被提押去过几次。白俄老戈里和小戈里的神秘失踪让监舍里的进步青年更加密切地注视着水野和黑衣道人的行动。这一天，紧挨着四号监舍的二号监舍提审孙振金。

孙振金被审讯兵从监舍里拖出来。

孙振金喊："放开我，自己走！"

"啪——！"日本人上去一棒子，将他击倒在地。

"打人啦！打人啦！"孙振金双手抱头倒在地上。

日本兵全围上来，对孙振金拳打脚踢，在孙振金的喊叫声中他被拖走了，就像拖着装满东西的麻袋。

倪尔忠、张凤祥，还有诸多狱友如张宝人、黄振梁等，大家都在心中为这位教师捏着一把汗。当天夜里，孙振金没有回到监舍。第二天上午，走廊里有了动静。

先是有窸窸窣窣的声音，是孙振金被送回来了。

他已不能走路，是被"拖拉"回来的。

又是像一条麻袋一样，被拖回来。但是他一点也不动，仿佛是睡觉了。

又一天的夜里。大家突然听到二号监舍里孙振金在"唱歌"。那不是唱，是在"喊歌"——原来，孙振金精神分裂了。

日本人都跑来制止。有几个日本人冲进他的监舍，将他按在地上。一个军医又强行为他注射了一针。

后来，他安静了。但是，彻底安静了。从此，孙振金一觉没有醒来。他是被日本人用小拖车子拉出去的，直奔了监舍西南的大烟囱水泥房子。

在倪尔忠他们住的监舍西南，过了马圈就是大水泥房子炼人炉。

炼人炉又叫烧却炉，旁边是掩埋场。

解放后当地的百姓去挖掘此坑，在里面发现了诸多人的骨头及尚未腐败干净的着工人服装的尸体。

有时，监舍里的人能听到"吭当当"的铁器响动，那是烧却炉的炉盖碰在水泥边墙上的声音。

后来人们才知道，孙振金老师和老戈里、小戈里都是被日本人拉走去做细菌试验了……

在 100 号部队第二处西北侧，有四个大型的孵化室，每个约有 500 立方米，总计有 1 万立方米。都是用电力保持恒温的，是用来培养大量细菌的。如果只为制造马等牲畜预防或治疗用炭疽、鼻疽血清疫苗使用，则可供几千匹马来使用。这庞大的孵化室北边，还有三个大长圆形高压灭菌器，每个直径约有 1.5 米，高 3 米。在这两种东西的周围有十几个试验室，包括灭菌室、准备室、材料室，都是用很坚固的洋灰制作的台子，里面全是用来做试验的活体。为了推进战争的胜利，100 号部队加紧了生产细菌实验步骤。而且，为了尽快达到目的，他们把试验地就选在了长春周边。

当时日本人是采取这样的步骤。他们先把感染有鼠疫的到长春 100 号部队干活的人放回了"三不管"地区。当这里暴发鼠疫时，又假惺惺地说是来免疫防疫，从中抽检鼠疫细菌的威力和强度，派出标有"彻底防疫"字样的 100 号部队人员来做这件事，而这，让来找儿子的李瑞珍看个正着。

"三不管"地区人员死亡在增加。日本人又开始了新的阴谋，他们对一些较轻的病人强行转移到宋家洼子。

当年，"三不管"与宋家洼子也就相隔两里地左右。

100 号部队人员一边给这些人转移，一边标上转移人员的号码，以便日后再来计算细菌发病期状况，同时，把在"三不管"地区全家患病的人家的房子炸掉。

一时间，长春"三不管"地区爆炸声四起，火光熊熊，人们哭天天不应，哭地地不灵。而日本人趁机拿这场灾难做现场试验。

此时，宋家洼子一带也起了新的疫情。一伙伙的日本特务防疫兵从 100 号部队出发，前往宋家洼子去防疫，其实是现场拿人做活体试验获取数据。

所谓失踪，就是带出去审讯再也没有回来……

由于倪尔忠和张凤祥二人已定好，问什么也不知道，再问可以说一些无关紧要的事，让日本人抓不住什么把柄。看看再也不能从这些人口里得到什么，日本人决定将他们转移。

一天夜里的八九点钟时，看守突然把监舍门打开了。倪尔忠和张凤祥还以为是去刑讯，看守却说："把你们的东西带上，马上转移。"

大家慢慢地走出监舍。

人们一个个的都已是奄奄一息了。在监舍的走廊里见到了难友，大家一个个的抱头痛哭，有汽车等在外面。那时汽车出了院子开往哪里看不清，但等到了地方才知道这是首都警察厅第一监狱。

大约是到第一监狱不久，伪满最高检察院提审倪尔忠。那时，他和同时被押在这里的难友们已经做好了思想准备。提审时，他们说道："我是最高检察院。现在问你，你对你以往的供词还有没有补充？"

倪尔忠说："没有，我们没做过什么。"

果然，大家都保持一致。可是，到了这年的秋天，当时的新京最高检察院还是宣布，判处倪尔忠有期徒刑五年，罪名是传看"反动"书籍。

这一年，一颗炸弹落在第一监狱"八卦"院的中间，只听"轰"的一声，日本看守血肉横飞，有一只胳膊竟然挂在监狱北墙的铁丝网上了。

从这一天开始，日本人开始在狱中执行死刑。这儿的岗楼北有个"极刑楼"，包括石坚、罗大春，还有"铁血同盟会"的一些抗日志士，都在这里被日军杀害了。

战事越来越紧了。这天早上，几名日本人走进倪尔忠的监舍说："带上衣裳！转移！"

他们给倪尔忠和每一个人都捆上双手，三人一组地拉了出来，说是去吉林。

吉林就是今天的吉林市。那时，日本人为了扩大战争，已经无心再审这些传播进步书刊的小青年，决定把他们押到他们认为可能安全的地方，待日后再作处理。

汽车已经征作战时用车，他们一伙50多名"犯人"是由十几个日本兵看着往东南步行，说是到坦克部队处再上汽车。

去往吉村，途中经过拉屯，队伍走到拉拉屯左右，已是晌午了。又累又饿，人们决定在这儿休息一下。

大家都喊累，就坐在了地上。日军也坐下来喘着气。

当年，拉拉屯有一个日本军官子弟学校，其中也有中国学生。但是日本还是严格地控制着。那天，曲家粉坊赶着大车来为日本军官子弟学校送粉，突然看见一个被绑着的人，这人正是倪尔忠啊？老曲家粉坊的人大吃一惊，于是当天晚上，老曲家人没走，住在宽城的一个大车店里。曲把头以未结账为由，返回军官学校。这一次，他在一间牢房里见到了倪尔忠，这才知道他这些年来他的生死经历。于是，曲把头决定冒死救他，二人经过周密策划，于当天深夜在曲把头的掩护下，倪尔忠越墙而走。倪尔忠又回到市里另一家铁木社当车工。从此曲家和倪家结下了生死交情，这也是粉匠和石匠不可分割的情缘啊，如今，曲家有难，他不能不出血啊。

五、整装出发

书接前言，曲家在为送粉的事发愁时，年前，铁木社放假，他于是回家过年，却正赶上曲家粉坊的磨眼铁轴坏了，许多磨要重新缠，正好他有这个手艺，于是就被老曲家请来打短工，是"短站"（短期扛活），挣半拉劳金。

一听倪尔忠要接这个鞭，伙计们都乐了。他们一个个站起来，嘲笑地对倪尔忠说："哟嗬，真是重赏之下必有勇夫啊！"

"我说你呀，你小子这回可是手插磨眼啦！"

倪尔忠平静地说："兄弟们，话不能这么说。人生在世，谁没个为难遭灾的时候？眼下，东家已愁成这样了，咱们不帮谁帮？再说，你我都是吃捞匠这碗饭的，如果漏出的粉卖不出去，咱们的劳金年终也开不出，受穷的不光东家一家人哪……"

他这么一说，伙计们也都大眼瞪小眼，不再说三道四了。

但是，也有人担心地说："尔忠，往北，往西，现在遍地起胡子了，我看你连胡力吐都过不去。你有把握接这个鞭吗？"

倪尔忠说："我这个人，话一出口，就收不回去，主意一定，就改变不了。"

消息立刻传至上房。

曲伯盛正在炕上躺着。

他问："有人接鞭?"

院心说："有。"就把过往说了。

他说："快,有请倪尔忠!"

立刻,有人领着扎着围裙,一身石末子,手里还握着两把大铁凿子的倪尔忠走进了上房。

那时,东家正躺在炕上,一见倪尔忠进来,他趔趔趄趄地爬起来,一下子就给倪尔忠跪下了,嘴里连连叫道: "尔忠!尔忠!"却说不出别的话来。

倪尔忠上前一把,扶起曲伯盛,说:"东家,东家大叔,你起来,哪兴这样? 我是晚辈呀!"

曲伯盛拉住倪尔忠粗壮的胳膊,眼眶湿润了,二人平起平坐地坐在炕沿上。曲伯盛说道:"孩子,大叔不知咋感激你好了!你看,在这节骨眼儿上,没有一个人敢接我这把鞭子! 就你呀!"

立刻,东家曲伯盛喊:"来人! 我要召开柜会!"

开柜会,这是旧时作坊和买卖人家的最高集会,一般都是有什么重大事项,由柜头(也就是东家或大拿)召集所有管事的把头,在一起商议重大事情。立刻,曲家粉坊的大粉匠、二粉匠、炮头、院心,呼啦啦地闯进了一屋子。曲伯盛手拍炕沿对大伙说道:"你们都给我听着,从今儿个开始,我这粉坊外出送货的大鞭子,就交给倪尔忠啦! 你们如果谁敢不听他的,我就敢辞退他，别想捞着一分劳金！"

下边人一齐答："是。"

东家又对女儿说："世英啊，你开开大柜。"

大女儿世英说："知道了，爹。"

大女儿曲世英走到靠东墙的一口巨大的老柜前，那是她家几辈子传下来的一口老柜，涂着红漆，烫着金花，庄重无比，她"嘎吱"一声揭开柜盖，就见她从里头拿出一个长长的皮包子来。

她解开皮包子的头一道绕子，里头是一块麻花布包袱皮儿，她打开这包袱皮儿，里头是一层细布，她又轻轻展开这老黄底子的软包细布，立刻，里边一把红缨短鞭，露了出来。

曲世英轻轻启出红缨鞭，交给了爹。

老爹曲伯盛把鞭子拿在手里，仔细地观着看着。这是一把独特的老鞭，别看鞭梢已秃得只有耗子尾巴那么一块了，可是，那缨那杆，又红又亮，而且闪着一股奇异的风采。突然，老掌柜的喊了一声："闪开——！"

立刻，屋里地上的人都闪出一块地方。

曲伯盛右手掐鞭，站在炕沿上高高举起鞭子，轻轻地摇了两下，然后便用力抽打而去，只听"叭——！叭——！叭——！"三声脆响，屋里的人立刻惊讶了！这有病的老东家还能甩出这么硬的鞭头？

接着，曲伯盛喊道："尔忠！"

倪尔忠答道："在。"

东家说："接鞭！"

立刻，大伙哗哗鼓掌喝起彩来，可是，女儿世英却在一旁"嘤嘤"地哭泣起来了。这是一个女孩家的心在疼啊。

曲伯盛大喊一声："烫酒——！"女儿曲世英立刻偷偷抹了一把眼泪，转身出去烫酒了。

出发的日子已定，定在腊月二十一。

当晚，倪尔忠回到了家。他把今天这事一五一十地说了一遍，又加了一句："爹，头年我出趟远门。"

"上王爷庙？"

"嗯。"

"给你东家送粉？押车？"

倪尔忠答："嗯。"

父亲倪奎田说："尔忠啊，这事你做得对。就该出去闯闯。自古道，花盆里栽不出万年松。可是，爹也担心这一路上……"

倪尔忠说："爹，你不必担心。这几年我在日本人的铁木社里结识了好几个哥们儿，其中刘师傅刘英，这人一身本事，他教会了我一些本事，再说，遇有三长两短，我自个造的这铁公鸡，也能派上用场。"说着，他从棉帽子后的脖领子处抽出一把自己造的短枪。

原来，这倪尔忠是家里的老三，他们哥儿五个，按着民国年间的国兵制度和日本人抓劳工的规定，哥儿仨得去两个；哥儿五个得去四个。当时，倪尔忠在叔叔家，和叔家的大哥在一块儿过，两个人必须得去一个。于是父亲说："你们得跑。"

于是，三儿子倪尔忠和叔家的大哥二人就报了"死亡"了。在铁木社里干了活。他在铁木社，不但学到了许多手艺，还经历了诸多磨难，所以当爹的相信儿子真有本事接曲家粉坊的鞭头子。

但是，当爹的还是担心。能不惦记吗？

爹说："尔忠啊，眼下这兵荒马乱的年月，往北去，可是一路不太平。这样吧，路过胡力吐你去看看你师傅常大叔，往北的情况，你可以问问他！"而且，父亲还给儿子准备了两坛"东海涌"老酒，让他捎给常师傅，也让他帮儿子拿一下主意，这趟去往王爷庙太危险啦。

父子俩正说着话，突然，外边闯进一个人来，原来是曲家粉坊的院心孙大叔。他进来给老人施个礼，对尔忠说："尔忠啊，东家想请你父亲过去，喝口酒。"

倪尔忠瞅瞅父亲，说："你去吧，我收拾收拾，明天还得起大早上路。"

父亲也理解儿子的心思，于是自个儿跟孙院心去往曲家粉坊。倪奎田和东家曲伯盛本来都是屯邻，此刻一见面，东家上去一把抱住了倪奎田，说："兄弟，你养了个好儿子呀……在这节骨眼儿上，他稳住了俺的心。"

父亲说："是你看上他，我高兴。"

老哥儿俩上炕喝酒。曲伯盛说："世英，上菜，给你大爷上你最拿手的家菜。"随着"来啦——!"一声应诺,只见一个十八九岁的丫头端着一个菜盒子走了上来。

倪奎田打眼一看,嗬,这姑娘长得有红似白,只见那个头儿不高不矮,刘海齐刷刷搭在眉上边,双眼皮儿,忽闪忽闪的,一开一合,白净的脸蛋儿,一笑腮边一对小酒窝,别提多叫人喜欢了。

父亲介绍道:"世英啊,这是你倪大爷……"

地上的大闺女甜甜地叫了一声:"倪大爷。"接着,菜盒子就拉开了。立刻,一道道冒着热气的乡菜就端上来了。

从前,农家的饭菜本来也就是乡土菜,可这些在巧手之人的侍弄下却也花样翻新,什么大锅炒粉、猪肉炖粉、小鸡炖粉条子、酸菜粉条五花肉,还有炒粉和烤粉居子!样样不离粉,样样都好吃无比,飘香的老酒也烫上了。

这时,曲东家又喊:"丫头,倒酒!给你大爷!"

曲世英应声举着小锡酒壶给倪奎田的盅子里斟满了烫唇的酒……

天,渐渐地黑下来了,东家发话:"让孙大叔去倪家,把倪尔忠喊来,明晨起大早发车,今晚就让他在这儿住!"

其实这时,老人家心里已有了故事啦。

本来,多年的粉坊经营,说钱,过日子不差钱啦;说家业,不大不小,也是个殷实的小家,可是他每日里拿眼睛在人众里瞄着,那是想给自己的闺女物色一个合适的人啊!可是一个时期下

116

来，他见识了这上上下下的屯邻、亲朋和伙计里，他一个也没看上。女儿的心思，其实和爹一样。当爹的多次问女儿，女儿都说不急不急，老人也没再细问，可是当爹的时刻拿眼睛瞟着周围呢。

这时，倪尔忠已收拾得差不多了，他来到了东家和爹面前，说："二老，你们看咋样？"

二人打眼一看，只见此时的倪尔忠已打扮得利利索索的了，只见那村东张皮匠熟的一件半大的白羊皮袄上，系着村北刘家带子坊二染匠缝制的一条深蓝的腰带子，上面别着一把他自己造的闪着寒光的"铁公鸡"，腿上已扎好了腿带子，勒得紧邦邦的腿布子里一边一把锋利的"腿刺子"（牛耳尖刀）别在上面，整个人显得威威武武，不惧风打雪刮的样子。

东家说："你怎么收拾完了？先吃饭哪！"

倪尔忠说："爹，东家，吃什么饭吃饭，这都啥时候了，眼瞅着腊月二十三啦，头年不把这些货送出去，咱们能消消停停地吃饭过年吗？所以我想立刻出车。"

啊？立刻出车？东家一听，惊愕得半天说不出话来。

倪尔忠说："东家，我吃不吃这口饭，喝不喝这口酒，都是咱自家小事，可这时间，抢出一天是一天！抢出一刻是一刻！"

倪奎田一下子把儿子的话接过去说："我说兄弟，让他上路吧，我的小子，我知道他的脾气。他是一个主意一定，十头老牛也拉不回来的手！"

东家曲伯盛听后，"啪"一拍桌子，下令道："集合人马！"

立刻，院子里早已准备好的车马、炮手，都站成了一排，老东家让闺女扶着，慢慢地来到了院子里。那时，北风夹着腊月的雪花，又吹刮开了。而且，寒风打着呼哨，把四周刮得更加清冷。院子里，四周已挂上了马灯，把院子里照得通亮，那些吃完饭、喝完了酒的炮手、老板子、跟车的、押车的，一个个操着家什，精精神神、威威武武地等在院里。

老东家发话了。

老东家曲伯盛说："听着，从现在起，外出的所有人都得听倪尔忠倪大把的指令，他说往东，不能往西；他说往北，不能往南；他说往左，不能往右；他说上天，不能入地。你们听着了吗？"

院子里的伙计们低一声高一声地答："听着啦。"

东家又说："这一趟，你们平安回来，我一律见赏——！"

院子里一齐喊："谢——！谢东家——！"

声音震得院里的大缸嗡嗡响。

这时，倪奎田和东家一起将目光落在了倪尔忠身上。

只见他一点表情也没有。他用鞭把子推了推棉帽檐，只是低声下了一声令："走车。"

说完，倪尔忠大步走出院子。

大道上，五十挂装满粉条子的大车轰轰隆隆地启动了，奔往村外走了，车轮子、马蹄子和人踩在雪地上的咔吱咔吱声和车轮子碾雪时发出的咔咔声，汇成一股洪流，惊得腊月屯子里家家的狗跳上墙头，发出狂吠，可是渐渐地，这支庞大的车队就消失在远方茫茫的风雪和黑暗的雪夜尽头了。

大　车

六、智斗土匪

倪尔忠坐在头辆大车的辕板子上，旁边是一边一个抱着大枪的炮手张老三和李老四，其余炮手是每三辆车一个，后车尾车上也是三个炮手。最前头，尔忠放了一个"前哨"，他让身手利索的炮手二愣子骑马在前方二里地处打前站，随时来报告发现的任何可疑之点。

这年月外出，处处得小心，不能有一点闪失。他还派了一个专门"蹓套"的人，在车队间骑车奔来跑去，随时传告事情！

车出了屯子不足五里，突然，倪尔忠让大车全停下来。

他对头车的几个伙计说："伙计们，我改变主意啦。咱们掉转车头，咱们奔塔虎城方向。"

二愣子说："什么？什么？倪大把，上王爷庙，不是奔胡力吐吗？"

倪尔忠说："你是说我闹不懂方位？"

二愣子说："是啊，你整个闹拧了！"

倪尔忠说："少废话，你给我往塔虎城放连子！"（骑马骝）

这时，炮手张老三、李老四弄明白了。他们说："二愣子呀，大把让你往哪边，你就往哪边！你忘了刚才东家的交代了吗？"

二愣子摸着脑袋点点头时，倪尔忠对他说："你小子把马放开！让蹄子踩雪跑出声来。等一过文牛格尺河西岸，你立刻打马奔西北。听着了吗？"

二愣立刻回话："听着了！"

于是，在倪尔忠的指令下，所有大车立刻掉头朝东，他们改变方向，奔塔拉垠相反的方向东面而去了，而二愣子却打马向北放蹓子。

一般的人根本弄不清这倪尔忠出的是什么道道儿，可他自个儿的心里却是清清楚楚啊！他这样做，也是怕"土匪"呀！

土匪，是一种帮绺（一帮一伙）形式，在东北民间，是以集体活动去专门抢掠对方的一种组织的称谓。土匪其实是社会上的一种"行业"，历史上有"行"这种称谓，人们常以"三十六行""七十二行""一百二十行""三百六十行"来总结概括，实际上不止这些行，用以上的数字来表述只不过是说明行业之多。而且还有人们的一种习惯，以"三、六、九"来称谓是民间的一种吉祥的数字称谓。还有三教九流和"七十二寡门"等行业的称谓。而三教九流之中又有"上九流""中九流""下九流"之分，可见行业之多。可纵观从古至今的所有文字之中，没有把"匪"列入一行一业的，而恰恰"匪行"在民间又存在。所以在这里也将其称为一行。

东北人是最怕他们的，特别是一到年节。

大车店

当年，倪尔忠懂得土匪不打懂行规的。过去出门在外，如果掌握了土匪的规矩，懂得他们的"黑话"，他们就把你看成是"里码人"（内行），不难为这样的人。常言说："江湖的进班，尼姑进庵，内行人见了内行人，就是进家了。"若不然，往往

挂马桩

"动青子"（刀）。山里的土匪经常在木营（木场）和参房子（挖
参放山人住的地方）打尖找宿。山里人往往给他们安排住处，做
好吃的，临走时还给他们点油、盐和烟叶，这叫"打小项"（进
贡），为的是和他们拉好关系，不遭祸害。比如种大烟的，若不
好生给土匪"打小项"，一到秋头子，大烟花一落，结了烟葫芦，
胡子晚上拿个小棒钻进烟地，一拨拉，烟葫芦都掉落，一年的汗
水全白流。你种瓜不给他吃，他晚上派几个人拿个大搠耙，把你
的瓜秧从地头搂到地尾，这才坑人呢。但要接触他们，必须懂得

122

他们的黑话。

在东北生活中，必须要懂得土匪盘道。指法盘道，这是行帮盘道的一个重要方面。就是通过手势，来代表语言，或用手势来补充语言的不足。换句话说，手势就是语言。

在行帮之中，称手势为交际的"灵魂"之一，其功能往往在"隐语"之上。有时隐语反而不隐，因为使用时间长了，就不存在"隐"了，而手势往往不易普及。而在本行中，一伸手投足，便知道对方的来历。

有时，也就是在特定环境中，又不能出声，而且环境黑暗，不允许出声交流时，手势就成了重要的交流方式。这在东北土匪行帮之中已普遍使用，是一种适应生活的沟通方法。

当年，在外跑大车的，如倪尔忠出车卖粉这次，必须懂得江湖土匪"手势"土匪语言。据金宝忱《东北大车的习俗》记载，老板子行车在外，如果遇到了"劫道"行，也就是土匪这一行的人时，先要"吁——"一声，把车停下。然后把大鞭子梢冲外放在前车耳板子上，人再从车的左侧上车，然后再从右车耳板子跳下去，再把外套牲口的缰绳解开，再从牲口里面反搭到外面马脖子上。

这一系列的动作，是一段话。意思是：见到朋友了，这就不走了。从左到右跳一跳，抖一抖，"说明"身上没带"青子"（刀）和"喷子"（枪）。马绳套也解开了，诚心实意让你们检查，跑都不跑。所有语言，都用这一系列"行动"表述展示出

马鞍子

来。这样的语言，是属于行帮的"隐语"类。当它一表露出来，对方就知道是自己人，就可能"优待"或"放过"，不然就可能遭殃。

在当年的东北白城平原，那时是被几股地方势力分割着，在塔拉垠以南，那是洮南镇守使吴俊升的地盘。这吴俊升当地人都叫他吴大舌头，他小时候也是个苦孩子，老家是山东历城，父亲吴玉之，母亲李氏，共有子女八人，他是长子，因家境贫寒，后来全家人逃荒来东北，他八岁就被父亲寄居在地主家放马喂马，所以通马术。吴大舌头十四岁时已是水旱码头的郑家屯一带出名的遛马相马能手了。因他常在马市上交易和人打仗摔跤，小有名气,后来投奔清兵捕盗营当上了一名喂马夫。可他会看风使舵,不久便当上了骑兵哨长,后升为把总(相当于连长),清光绪三十四年(1908),已是奉天后路巡防营统领的他因讨伐峰密山土匪"两把刀"有功当上了副将候补。后来因哲里木一带郡王乌泰发动武装叛乱,他奉郑家屯后路巡防营统领三省都督赵尔巽命令率兵驰救洮南府成功,从此被封为洮南镇守使,在这块地盘上,胡子土匪轻易不敢来闹。所以倪尔忠知道先奔这一侧走平安。但他也一再嘱咐二愣子,不管听到什么动静,你都千万打马向前不许改变主意,二日后在胡力吐会齐。

事情真让倪尔忠算计透了。原来,这五十挂大车上路本是小事,可其实早有暗哨花舌子(土匪绺子暗藏在村屯里的人)把消息偷偷告知了塔拉垠西北的一股大绺子掌柜的"兄弟好"了。兄弟好绺子当年在洮儿河谷一带是一伙叫得响的武装,他不把任何人放在眼里,早就在去往胡力吐的半道上下上了卡子,单等拉粉条的大车一到,立刻"下连子"(抢马),卸粉,卖钱,过年。土匪胡子也得过年哪!可是,"兄弟好"大股子掌柜的就没有算计过倪尔忠。当他把人马"压"(埋伏)在洮儿河谷西线一带的谷沟里时,其实倪尔忠的大车已改变了方向,兄弟好他们干等曲家粉坊的大车过来,可是干等也没动静,这是怎么回事呢?这时,前边的探子来报说:"大哥,不对劲儿,曲家拉粉条子的车队好像奔了塔虎城!"

大柜问:"何以见得?"

拉粉的大车

探子说："探马的先压过去的！"（是指他们发现了二愣子的马先蹓过去了。）

兄弟好大柜一愣，说："什么？你瞄准了？"

探子说："瞄准准的。而且，探子的马蹄声听得透透的。"

于是，兄弟好改变了主意，他立刻调动人马，控制住了洮儿河谷以东的野马吐一带，而其实这工夫，倪尔忠立刻又改变了方位。当大车走到那金一带时，他才立刻让头车掉头，这才真正奔往洮儿河谷正北了。

粉匠收粉

二愣子的探马被兄弟好的队伍整整跟踪了两天后，倪尔忠的车队已顺顺利利地到达了胡力吐，兄弟好才明白自己完全上当了。从这里去往王爷庙，那是必经之处。到这时，所有的老板子、炮头才一个个地竖起大拇指，连连说道："倪大把，真有你的！你是神算哪。你真让人佩服啊！"

也有人说："他兄弟好的算盘是靠咱倪大把给扒拉！"

这一下子，车队的上上下下都对倪尔忠佩服得五体投地、另眼看待啦。在胡力吐，倪尔忠安排车队休整一下，接着，他要去拜见自己的师傅老石匠常大爷了。

当天晚上，倪尔忠带上父亲给他的东海涌老酒，就奔往胡力吐老石匠家。常石匠那年已是七十多岁的人了，可由于是石匠，整日上山奔屯子干活，腿脚还算利索，他只有一个儿子，在突泉靖安军中当兵，当的是骑兵，被人称作"红袖头子"，是因为靖安兵的军服袖子上有两条红杠，常师傅的儿子常隆基比倪尔忠大几岁，所以二人以哥弟相称。

倪尔忠推门走进石匠老人的窝棚，常老汉一见是又惊又喜，说道："啊呀尔忠，你咋来啦？你爹可好？"

倪尔忠回过好，接着把事情的经过一五一十地说了一遍，又加了一句："师傅，我是先奔往塔虎城，突然又拐向那金，这才甩掉了兄弟好奔的胡力吐！"

常石匠哈哈地笑了，说："你是活得越来越有名啦！尔忠啊，如果这次你直奔胡力吐，那兄弟好绺子不会放过你的！"

倪尔忠说："师傅，你不是常说吗，害人之心不可有，防人之心不可无啊！"

师傅称赞地点点头。倪尔忠递上临走爹带给老石匠的两罐东海涌说："这是俺爹让俺带给您的。"

老石匠接过来，拧开塞子，嗅了嗅说："你爹还是总想着我呀。"

倪尔忠顺便问："隆基哥怎么样？"

老人叹了一口气说出了心里话。原来，当爹的已经快一年多没看见儿子了。而且自从逃难的靖安军整体被上司强行编入满系的伪军大队归日本人统辖之后，石老爹多日抬不起头来，他总觉着自己的儿子怎么能进入日本人的军队，这是有辱常家祖门啊，他心下窝着一口气。于是慢慢说道："他如今在突泉县府衙给当官的牵马。"然后就再也不肯说什么了。

倪尔忠就劝石匠师傅说："师傅，如今这狗日的世道，日本子、土匪横行天下，不过我们心里有数，常大哥就是当了伪军也是迫不得已，他不会和那些人一条心。"

常石匠叹了一口气，不再说什么啦。

二人唠了一阵，倪尔忠要走。

常石匠突然说："尔忠，你躲过了兄弟好的头一劫，他们不会善罢甘休，还有第二劫。想来，这些人会联合在去往王爷庙的道上下绊子。给你……"说着，就见老人从炕上的一个大柜里摸着什么东西。

倪尔忠说："是什么？"

常石匠说："这是俺的'路条'。这些人常常请我到他们的绺子里给他们收拾家活什，也就成了朋友。一旦遇上常山好、北来好这些绺子，你一亮这玩意儿，兴许就能躲过去。"

尔忠心怀感激地接过师傅给他的这张写着字的小皮子，说："谢师傅。"

当时，他告别了常石匠，就奔回了车店后的草林子里。

那时，外出的大车轻易都不敢住店，就是怕走漏了风声，而且这样大的车队，多大的大车店也容纳不下呀，所以送粉的伙计们便在地上搭起了帐篷，里边笼上火做饭。外边看不到一点光亮。见大把回来了，大伙都振奋起来。

自从倪尔忠领大车一出塔拉垠就往另一个方向走，一下子晃走了胡子兄弟好的马队，直到第三天夜里，二愣子赶上马队才知道，那兄弟好伙子是下狠茬子要收拾这些粉车，亏得倪尔忠的道眼，这才使大家躲过了一劫，这回一下子让炮手、老板子和伙计们对他刮目相看，而且格外信服这倪尔忠了。一见大把头回来，大伙都围了过来。

倪尔忠掐指一算，对大伙说："弟兄们，咱们还不能在胡力吐久留，要抓紧赶路，务必在明个头晌太阳落山前赶到葛根庙，只要咱们把给阿旺罗桑·丹毕尼玛活佛要办道场那二十车粉卸下来，咱们就可以轻装奔往王爷庙啦！"大伙也都同意，于是大伙立刻熄火动身，不一会儿，这五十挂大车便鱼贯般悄悄地出了胡力吐，轰轰隆隆地上路了。

按着二愣子报的兄弟好是从塔虎城一线追赶，一出胡力吐，倪尔忠就让大伙改道，表面上好像是奔胡尔勒，走了约五袋烟的工夫，他才突然命令大车转向西北直奔巴达尔镇。

那时，东北平原著名的寺庙葛根庙坐落在巴达尔镇上，平时这里烟火旺盛，人来人往，兄弟好、北山好一些大小绺子轻易不敢靠近。所以当车队的头车一拐上去往巴达尔的要道，倪尔忠就命令头车松点套带，让牲口撒欢儿跑，立刻，这五十辆大车奋劲

葛根庙

加速，马蹄子和车轮子扬起了纷纷扬扬的大雪，像烟一样弥漫在雪野上，形成一条长龙，直接刮向了古老的巴达尔……

第二天天快黑时，大车进了葛根庙。时序已是腊月二十三，小年啦。

老活佛丹毕尼玛领着众喇嘛出来迎接，整个葛根庙像过节一样，大喇嘛亲自招待送粉的倪尔忠和车队伙计，这里的许多喇嘛，倪尔忠的父亲和老粉匠掌柜的曲伯盛都认识，都是朋友。这洮儿河谷平原上的葛根庙又名乾德牟尼，它始建于清崇德元年（1636），再早是位于扎赉特旗所属乾德牟尼山南麓，它的前身为查干德希庙，就是在今黑龙江省的泰来县附近，由内齐陀音呼图克图主持庙务，内齐陀音呼图离开科尔沁时把寺庙交给扎赉特旗，1649 年由扎旗扎萨克王爷玛西巴图将该庙迁移到乾德牟尼山

葛根庙的香火

南。那时节，这儿有喇嘛360多人，前后六座大殿，香火旺盛，金碧辉煌。喇嘛们一见辛辛苦苦来的粉坊大伙计，便挑灯迎接粉车。

当晚，老喇嘛打开藏经阁，让倪尔忠等粉匠们见识见识甘珠尔经大殿，真是一饱眼福。倪尔忠和几名炮手、老粉匠也大显身手，给老喇嘛和僧人们做了好几道粉条子菜，什么炸粉、炒粉、煮粉、熏粉、烧粉，吃得葛根庙的喇嘛们一个个眉开眼笑。

经过一座大殿时，喇嘛们给粉匠们放了运程签桌儿，伙计和炮手们都停了下来。倪尔忠看得出大家也都想抽抽，于是就说：

"抽抽吧！抽抽吧！"

运城签是东北民间一种预测人前途命运的心理方式。只见一个木桶里放着一些写有字、词的木签，来者上香后，由喇嘛敲击一下木鱼和挂钟，然后喇嘛便抽出签交给来者，来者看后再递给喇嘛给解。倪尔忠见大家都抽，他也上前抽了一签。展开一看，只见上面写道：

> 人生四处皆为家，家皆如家不是家；
>
> 家院牛马皆食草，在外要避朦离花。

倪尔忠不懂其意，就去问大喇嘛。大喇嘛瞅瞅他，说："前去你要有一难。可你必奔难而去。你是你，不是别人。"倪尔忠似懂非懂，但他记住了要避"朦离花"，可又必迎"花"而去这一句。在心下他万分感谢老喇嘛，可是脸上他却不动声色，重新开始组织车队。由于五十辆大车卸去了二十车粉条子，这就把三十辆大车的粉分在了五十辆车上，一下子使车变成了轻载，马可以放开蹄了。

他下令，让伙计们今晚好好睡，明天上征程。

第二日黎明，倪尔忠率车队出了葛根庙就直奔王爷庙的正北方向，前方是什么地方，他一打听头车的老板子才知道，那个地方叫宝力根花……

啊？宝力根花？他想起老喇嘛给他预测的"朦离花"一事，不觉心下暗笑，是真是假？难道我倪尔忠要遇上大难？可他一想，老喇嘛说得明白，你避不开"大难"！也真是，他的性格就是"遇难呈祥"，奔难而进，这才是他倪尔忠。再说，如今这路程已走了一半，去往王爷庙只有这一条道，不走也不行，是死是活，只有一头撞去了。

主意一定，他下令："老板子们听着，鞭头子给我硬点！"（就是让他们扬鞭驱马时抽马耳朵上方，让马精神点）他又对炮手们下令："弟兄们，家伙（枪）都给我抱紧了！手指头搭在扣机子上！遇见胡子，记住，千万别往身上打，打马壳，以免结下死疙瘩！听到了吗？"

炮手齐回："听着啦！"

他又追问："记下啦？"

炮手齐回："记下啦。"

其实，炮手们心下也感激倪大把。因为他们也知道，人生在世，能不将人置于死地就不将人置于死地，要讲究留下些活路。狗逼急了跳墙，兔子逼急了咬人。打马壳，就是枪打马的腿盖，这样马一伤，土匪就会掉下马来。不然谁的命都是只有一回呀，而且结下仇对谁也不利！

腊月二十五这天下晌，当太阳刚一卡山时，前方就到了宝力根花。突然，就见前方一片黑松林子里闪出一排持枪的汉子。为首的一个喊道："卸套子！压连子！"（把牲口肚带解开，把马卸下来）

炮手们一看，立刻举起了炮，一齐对着前边。

倪尔忠明白，这是"遇"上了。可这也是人家的规矩。

从前，都得入乡随俗，这是踩在了人家的"地盘"上呀！于是他命令炮手们不要轻举妄动，一切要看他的手势。

只见倪尔忠沉着地走向头一辆大车的头一匹马，他迅速地把马的肚带解开了，然后他把马套一下子搭在了马背上，他又摘下帽子，把狗皮帽子冲天上抖搂了两下子，然后帽眼朝上，毛皮冲下，又放在马背上；接着，他又从车辕板的左边，一下子跳到车辕板的右边，然后一抱拳在左肩头上，说道："各位弟兄，我塔拉垠土民，水中取财之道，今儿个是往王爷庙给人送货——干枝子！也给弟兄们带了。"

他这一套动作，其实都是"规矩"，也是一种语言。

把辕马的马肚带解开放在马背上，是说我信任你们，不跑不蹽，听你们的喝；把帽子抖搂一下，帽壳冲上放在马背上，是说让你们看看，我帽子里没藏东西；在大车的左辕板跳到右辕板，也是在说，让你们看看，我身上没藏刀，没藏枪，是实心实意与你们交朋友。他的这一连串动作，倒让那些人乐了。

只听那些人其中一个说："哎啊，他还真懂咱们的道眼。"

另一个人说："看来是老跑江湖的。"

"对呀，人家说是'水中取财'——漏粉的！而且，还给咱们带来了'干枝子'（粉条），看来，过年能吃上溜粉啦！够朋友！够交！"

于是又问："你是看谁?"

倪尔忠答："海瞧。"（看众朋友）

他们互相瞅瞅，点点头。

于是，那些人笑笑哈哈地开始靠近。

倪尔忠看得清楚，那为首的一个戴着一顶黑狗皮帽子的人脸上却没一点笑容。那人走到近前，阴冷冷地对倪尔忠说："没别的，委屈你一下，戴罩子——！"（上蒙眼布——把眼睛蒙上）

这时，倪尔忠说："先别动——！"

那人问："咋样？"

倪尔忠："我这儿有叶子！"（信）

那人说："递叶子！"

只见倪尔忠把左手的皮袄袖子递了过去。那只手上，其实是胡力吐常石匠大爷给他的"路条"。这是人情份。

在洮儿河谷、在王爷庙一带提起常石匠，往往都得给个"面"，而这个"路条"，恰恰是老石匠的儿子常隆基的靖安军被时任第三任洮南镇守使的张海鹏部所收编后给弄的。张海鹏是什么人？此人其实是一个土匪加旧军官出身的恶霸，辽宁黑山县新立屯人，他的哥哥就是个地痞无赖。一次因犯案跑到他姑家避风，不料被官府抓取杀掉，张海鹏气恼之下把姑家的房子全烧掉，又把姑家存有的枪支和钱财洗劫一空，这时正巧当地有伙土匪缺个当家的，一看他有智有谋，就推举他当上了"绺子"头。那个世道，军阀混战，后来他由土匪摇身一变又当上了旧军官，由营长、团长、旅长，最后竟然当上了奉天游击马队统领，驻扎在郑家屯一线，他是军匪两通啊。靖安军归他统领后，他手下的通讯员常隆基常常跑南跑北地送信，所以他给常隆基写有"路条"，以备通过洮儿河一带时土匪、绺子不难为他。儿子也就给爹留了一份。这次，倪尔忠去往王爷庙送粉条，石匠常老爹就把这"路条"送给了倪尔忠，以防在路上遇上不测时使用，这不，眼下真就遇上了。

当时那伙人要给倪尔忠戴"蒙眼"，他说有"路条"（叶子），其中一人接过倪尔忠的"叶子"，一看是张海鹏写给沿途各土匪大柜的，就真的轻易不敢动这伙粉车了，因为他们就是不怕倪尔忠的粉车也怕张海鹏的马队呀。于是就说："啊！原来是蛐蛐……"（朋友）

倪尔忠说："对，是蛐蛐。"

但那人说："那也得去见大当家的。"于是说："跟我走吧。"

倪尔忠一看，事已至此，必然得前往，不然也搞不清这伙人的底细，于是，他小声对头车老板子说："大叔，机灵着点！看我的手势，勒好辕马，只要我左手一挥，你们立刻带车跑，拼命开踪！直奔西北王爷庙！"

老板子瞪大了眼睛，点点头。

他又对炮手刘二哥说："二哥，你准备好。看来是要动青子（刀），碰枝子（枪）了！"

一切都交代好之后，倪尔忠稳住心，他手里摇着"叶子"（路条），跟着那伙土匪走进了黑松林边缘。走了不远，就见前边的一个雪堆上，坐着一个人。那人头戴一顶黑貂皮帽子，穿着羊皮大袄，气势汹汹，正是兄弟好！

原来，他下苦心准备在那金一带准备劫曲家粉坊的车队，可是没劫着。他们主要是抢马。马在东北是当年胡子要抢的主要"财富"，而且曲家粉坊五十挂大车，一百多匹马，不小的财呀。

当时，他也正在气头上，因计划好的事都让倪尔忠给打乱套了，他一气之下集合了洮南以西、以北的三四股绺子，下决心一定要在宝力根花堵住倪尔忠的送粉车队，果然，现在是冤家见面了。

双方在五米之内站下了。兄弟好问道："你就是曲家粉坊押车的？"

倪尔忠说道："正是。"

兄弟好说："报报迎头？"（姓甚名谁）

倪尔忠说道："水中取财。在下倪尔忠。"

兄弟好说："啊，你就是倪尔忠。好啊，看来，是你亲自给我送'财'来啦！来人哪。"

众土匪都喊："在！"

兄弟好说："把他的连子都给我压下来！"（马都卸下来）

倪尔忠说："兄弟好大柜，事不能做绝。"

兄弟好说："我要用连子！"

倪尔忠不动声色地说道："连子谁都得用。俺们粉坊天天拉磨，做粉条子，更得使连子！你取走了连子，我们咋拉磨？咋做粉？咋送货？"

兄弟好冷笑着，依然说："这我可不管你咋拉磨、咋做粉、咋送货。来人，给我下连子！"

立刻，那些土匪应声动手。

倪尔忠大喝一声："慢！我有叶子（路条）。"

兄弟好恶声问道："谁的叶子？"

倪尔忠说："你看看便知……"

兄弟好说："上叶子——！"

方才在黑松林里拦车的那人走到倪尔忠面前，取下他手里在石匠常大爷那儿讨来的"路条"，递给了兄弟好。土匪兄弟好接过一看，真是张海鹏写的"各路好汉俱知，此人放行"的"路条"。

谁知，兄弟好看后，突然哈哈仰天大笑，他说："啊啊！是张海鹏啊？他张海鹏算哪瓣蒜，如今他已投靠日本人，我他妈兄弟好是荒原野马，我不归任何人牵，什么他妈张海鹏李山鹏的，一律不好使！"说完，他"哧哧"两下，竟然把这张皮子写的"路条"给撕得粉碎。

其实当年，这兄弟好说得也对。那时，这张海鹏暗中与日本特务河野早已相通，并且勾勾搭搭，他靠着逐渐已在布奎草原上开始布兵的日本人势力，他曾和日本人联合开进洮南城逼靖安军投降，因他叛国投敌，致使日本人没放一枪一炮便占领了布奎（白城），但那时，倪尔忠并不知世道已变啦，也不知张海鹏给手下的"路条"早已作废。其实就是常隆基的老爹老石匠常大爷也不知道他手上的一纸"路条"已成了废纸，因他已长久没见到自己的儿子啦，也不知儿子的信儿。他这是好心做了坏事啊。

可是，倪尔忠是个极其冷静的人，遇上天大的事，他心里都是沉着，不动声色。

眼下，就在土匪们穷凶极恶地直奔大车而去，要强行卸马卸粉时，倪尔忠突然大喊："慢，都给我慢着！那个'路条'不行，我这儿还有一个叶子（路条）……"

那时，众土匪已直奔粉车，只有兄弟好一个人站在雪堆上，倪尔忠的喊声让兄弟好一愣。

兄弟好问："这是谁的叶子？"

倪尔忠说："你看看便知。"

兄弟好说："递上来。"

倪尔忠乘机大步奔到雪堆前，他跳上雪堆，把身子靠近了兄弟好，然后把右手袖筒子递了上去——说："你自己取！"

兄弟好下意识地把手伸进了倪尔忠的皮袄袖子里。

这一摸不要紧，他摸到的哪里是什么"路条"，而是一支冷冰冰的枪筒子。那是倪尔忠自制的铁公鸡。他手艺好，在日本人铁木社干活时，他就自个儿给自个儿造了把铁公鸡！兄弟好刚想抽手，倪尔忠把枪一下子顶在了他的腰眼上，厉声说道："别动！动我就打死你！"

"这，这，这……"

"快！下令！让粉车过去！别不识好歹！"

兄弟好想挣扎，可已被倪尔忠另一只手死死抱住。

倪尔忠说："别想别的，我的家伙可不认人！"

兄弟好头上冷汗下来了。他万万没想到，这一个开粉坊的粉匠竟然还有这个绝招，真是绝招！

平时他是对别人绑票，眼下，他让一个民间粉匠给"绑"了"票"。

于是，兄弟好战战兢兢，但又装作平静地说："别开枪，别开枪！别走了火！"

倪尔忠说："少废话！快发令让粉车走！"

于是，他把枪顶得更紧。

兄弟好这时立刻对他的人马喊道："兄弟们，住手！都住手！这车队，是咱们的蛐蛐！蛐蛐！放行！快放行！"

这话刚一落，倪尔忠冲头车老板子一挥手，立刻，拉粉的大车"轰隆隆"启动了，土匪们只好让开一道缝，眼瞅着粉车"哗哗"地开了过来，转眼间便通过了封锁线。

看看拉粉车走得差不多了，兄弟好说："英雄好汉，你也该放开我吧？"

倪尔忠说："别介，你还得送我一程！"

兄弟好说："啊？还得送你？"

倪尔忠说："对。你不亲自送我，我粉条运不到地方！"

兄弟好说："怎么个送法？"

倪尔忠说："这么送……"

倪尔忠说完，一翻身跃上旁边的一匹枣红大马，一顺手便把兄弟好也提上了马背，他把兄弟好放在他前边抱着，枪筒子在兄弟好的腰眼上顶得更紧，然后扬鞭夹腿道："驾——！"那马扬蹄而奔。

考察组考察倪家粉坊

众匪一看倪尔忠劫去了他们的大柜，立刻拉开枪栓准备开打！兄弟好吓得大喊："熄火！别，别动家伙！"

但是，土匪掌柜和二当家的已控制不住局势了，他们立刻一个个也翻身上马，朝着远去的车队追去，同时，枪也打响了。

此时，按着倪尔忠的交代，曲家粉坊的押车炮手们手早痒痒了，他们也在最后一辆车上扣响了大抬杆的扳机，立刻，宝力根花雪野荒原上枪声大作，周边的村落人家听到野地上枪声爆豆而响，一个个都搬梯子上树上房往那儿看。

荒野上，枪声、麻雷子爆炸声，连接而响，人伤亡时的喊叫声、马嘶声，响成一片，荒凉寒冷的北方宝力根花成了一个大火场，寒风冷雪夹杂着浓浓的火药味儿，刮向了四面八方。

老百姓，家家都插上院门，谁也不敢出屋。谣言四起，有的说，老曲家粉坊的二百家兵、炮手都回来了，土匪败了；也有的说，兄弟好胜了，山一样的粉条子烧成了粉条居子，快去抢粉居子吃吧！

消息都传绝了。

七、凯旋与新的闯荡

转眼，时序已到了腊月二十九了，在塔拉垠，外出送粉的大车还没有一点消息，更让曲家粉坊老掌柜上火的是，就在第六天头上，他听到几个从胡尔泰镇来赶集的人说，听说在胡力吐和宝力根花一带，那是日夜枪声大作。更有人说："尸横遍野，听说是拉粉子的！漫山遍野，全是粉条子捆……"

曲伯盛掌柜的一下子昏倒在地了。家人请来了先生，老先生一见东家昏过去了，立刻大喊："掐人中！快！掐人中！"

曲掌柜，渐渐醒过来了。

可是，大女儿世英却镇静地安慰爹说："爹，别胡思乱想。别听蝲蝲蛄叫！不到年根上，这什么信都不准。"

她虽然这么说，可心下能不惦记吗？回头，她到房后的"狐仙堂"上了香。她低声说："狐仙太爷，保佑他吧……求你了……"当年，曲家粉坊房后有狐仙堂，年节和遇大事，家人都来上香。这是东北人家的习俗。

这一日，时序已到了三十除夕了。

外出的粉车，还是没有一点消息。

老掌柜曲东家再也坐不住了，他一天天在门口站着，向远方望着，就是不肯进屋。

大约是三十（除夕）那天下晌，太阳快卡山的时辰，家家都准备接神，贴灶王了。突然，有家人来报："东家，北岗上有马蹄声，有鞭子响！"

曲伯盛喊道："快！扶我出去。"

大女儿曲世英和众人立刻扶起老爷子，老人跟跟跄跄地来到门外的大道上。他打个遮阳，往西北一望，啊！真有一片人马影影绰绰而来。

那年月到处是兵荒马乱哪，老掌柜也不敢断定就是自个儿家的粉车归来，他还以为是胡子马队在年关来"踢砬拉"（打村庄），于是立刻命令全家人和炮手："快！上围子——！"（自家的炮台）

可是，渐渐地，车队和人马近了。他发现走在车队头里的，正是倪尔忠。只见他，帽子、胡子上全是冰雪，皮袄、棉裤全开了花，脸上还有被枪擦伤的痕迹，腰带子被火药烧得剩下了半边儿，浑身风尘仆仆一个顶天立地的汉子呀。

倪尔忠一见东家，立刻摘下帽子，抽打着身上的风雪，没事儿似的说："东家，让您久等啦！这一趟，粉全卖了。都是现钱哪！都带回来了！"

老掌柜的张开嘴，却说不出一句话，大颗的泪花从他老脸上淌下来，世英已不顾众人的目光，她走上前去，接过倪尔忠的帽子帮心上人抽打着他身上的雪，还偷偷地把亲自煮的两个滚烫的红皮儿鸡蛋揣进尔忠的破棉裤兜里。

终于，老掌柜清醒过来啦，只见他抹了一把眼泪，一挥手大喊一声："快——！烫酒——！过年——！"

古老的洮儿河流域，在茫茫的查干浩特草原，老曲家粉坊的生意从此一下子就兴隆起来了。不用说，那时曲家当家人曲伯盛东家一眼就看上了倪尔忠，而且他坚信自己看不走眼，他一辈子看世事啦，能看走眼吗？他决心把这粉坊大树交给倪尔忠去栽去种。他后来才一点点听说，当时正是倪尔忠的机智，这才压住了凶狠残忍的兄弟好，双方交战了两天两夜，他们边走边打，这才把粉车赶到了王爷庙，这才放了兄弟好。他办事从不把事做绝。可是在倪尔忠心里，一开始倪尔忠并不打算去接手这个粉坊，因他想干"大事"。

那年头，日本人早已全面占领了科尔沁和白城平原，包括洮儿河谷到兴安盟一线，日本人大量屯兵，修桥筑路，准备攻打苏联，于是，倪尔忠便和东家"请假"，他要去找刘大叔。因那时他也明确看出，曲家定要"收"他这个"女婿"啦。他不想这样做，觉得当"插门女婿"不光彩，决定离开，去往另一家铁木会社。对于尔忠要走，世英哭红了眼睛，特别是接下来发生的一件事，外边疯传，倪尔忠有女人啦！

原来在当年，洮南有个大户人家，那就是家资万贯的大财主杜元治。这人街基大片，耕地无数，一见倪尔忠大塔子个，小伙子又精神又威武，而且粉匠活儿、石匠活儿、木匠活儿、铁匠活儿，样样俱会，还文武双全，还听说他宝力根花大战兄弟好，这可是打着灯笼都难找的人哪，就决定把女儿嫁给他，于是就在洮南找了两个说客，专门来到塔拉垠说亲。

当年，这两个洮南说客很厉害，据说他们能把死人说活了，也能把活人说死了。听说有一年，他们为了把一门亲事说成，竟然给不愿上轿的一个女人当场买了三间房子，真是能说到能办到。终于，他们把倪家老爷子说得不知咋办才好，于是，父亲就给儿子来信说："正月二十八，回来结婚吧！"

开始，父亲捎话，没提结婚，但信上清楚。

在铁木社，倪尔忠向刘英请假说："家父来信了。"

师傅刘英说："把信给我。"

他展开一看，说："呀，你父来信，你必须得回去，是结婚。是正月二十八结婚，还有三十多天。"但是刘英给倪尔忠父亲也写了一封信，他对倪尔忠说："先别看，交给你父亲看。"

于是，倪尔忠腊月二十四上车回家，腊月二十七到家了。一进门，他递上师傅刘英的信，说："给，信。"

爹问："谁的？"

他说："师傅的。"

父亲接过信，拆开一看，只见上面说道："你儿子要娶洮南杜地主的女儿，这可不行。他们家有地有财产，不能要。你儿子的婚事由我来全权负责！而且他有大业在身。"

这个年，倪老汉问自己的老伴："刘师傅不让成这个亲，咋办？看来，得退这门婚！"

老伴说："那师傅是不是对他有安排？"

父亲说："看来是呀。"

那时，说合人在倪家的房后住，初一，倪尔忠去拜年，拜完后不走。

人家问："有事？"

他说："有。"

说合人问："说吧。"

他说："帮我把婚退了。"

说合人说："什么？你退婚？"

他说："对。"

说合人说："你傻呀？"

倪尔忠说："可也不笨。"

说合人说："多少人家奔人家老杜家财产而去，人家还不干呢！"

倪尔忠说："那是别人。我是我。我就乐意漏我的粉条子！"

这时，后来成了尔忠媳妇的世英也去拜年，她一听说尔忠要结婚，气得说道："娶媳妇？娶什么呀，家连个柴火棍都没有！"

那时粉坊掌柜的曲伯盛是个出名的厨师，啥菜都会做，来请他的人请帖贴满了墙，当时倪尔忠和曲东家说："大叔，谁请，腊月二十八这天，你别去。"

东家问："为啥？"

倪尔忠说："求大叔帮我去退婚。"

曲伯盛说："咱可退不了。那洮南来的两位说客，吐个吐沫就是钉。"

于是，倪尔忠说："好，你们都不去，我自个儿去！"

他说完，抬腿走了。当时，一家子人正在吃饭，全家人都愣了。

当时，倪尔忠就奔了洮南。

那一天，老杜家正在吃饭，炕上一个八仙桌子，八口人，外边两条大狗。当家的杜元治一听院子里狗咬，他出来了。

那年头，倪尔忠葛根庙甩掉追踪的匪队，宝力根花巧战兄弟好，五十挂大车粉平安送到王爷庙的事已被传得沸沸扬扬，人们拿他倪尔忠当英雄看当神仙看，而且南北二屯、白城、洮南、嫩江、黑龙江肇原一带大小粉坊，什么工具、手艺、各种活计，他倪尔忠样样皆会，他不出手，别人干不了。人们已把他当成叱咤风云的人物了！当然，大户人家杜元治该多想把这样的小伙招进来成为自己的上门女婿呀。

一见面，倪尔忠从屯邻论，应该管杜元治叫三叔。他说：

"三叔，过年好！"

杜元治说："你是尔忠？到屋。"

他一进屋，就见杜元治的大丫头坐在屋里炕角上。杜元治对屋里人说："尔忠给咱们拜年来啦。"

大姑娘很热情，说："上炕。"

他说："不了。"

杜元治说："喝酒。"

他说："不了。"

杜元治一愣："不喝？"

倪尔忠说："不会。"

啊？哪有粉坊大把不会喝酒啊！再说，这让坐不坐，让喝不喝，这"客"（qiě）难搭兑（照应）啊！

大姑娘一听，啥都明白了，心下凉了。她把脸扭过去了。

这婚事八成是要黄啊，不行了。

杜元治的大儿子杜本成一见这场面，就下地把倪尔忠拉走了。上哪儿去呢？

原来，杜家有个老爷爷，是前清时举人的后代，能说会写，人称刀笔邪神，打官司好使。杜本成想让他来吓唬一下倪尔忠，你说不行能中吗？于是去了那个爷爷家，表面是"拜年"。

杜老爷子一看，一个没和人家结婚成为亲家的人来拜年退婚，而且白家是大地主，人家没别的，净是钱，于是说："尔忠啊，你们是天赐良缘，该着的事！"

倪尔忠说："大爷，我就为这个事而来的。不行。再说，当前我正在铁厂子学徒，穷光棍儿一个，土地、房子都没有。"

对方大爷说："谁管你要钱了吗?"

倪尔忠说："没有。"

"这不就结了! 好，你没房子，没地，我给你三间房，十五垧地，一挂大车。你如果还嫌这些少，我家还有一百垧地! 过了年，你拉上你媳妇回去过日子去吧，这叫两好嘎一好。"

倪尔忠说："你给多少都不要。说到这儿，就拉倒。"

说完，倪尔忠起身就走。

"什么? 什么?"老爷爷气得嘴都"瓢楞"（走板）了。

一帮人一惊愣，都上来拉他，可是谁也拉不住。从那，这门大户人家的"亲"就拉倒了。他当夜从洮南奔回了塔拉垠。

当年，这叫人品，再说，他的心里就爱着黑土地上的土豆和制粉条手艺。他认为这粉，是他家乡的东西呀，是黑土地百姓的活路啊。

然后他又回到曲伯盛那儿说："婚退完了。"

全家人都说尔忠："当年你不好意思，怕人说三道四! 这，就对了!"

接着，就是人们都知道的故事了，倪尔忠一下子成了老曲家的女婿啦。

这样，曲家粉坊渐渐演变成了倪家粉坊，而且真正成为白城平原、洮儿河谷最大的粉条子生产基地。一到了冬季晾冬粉和夏季晒夏粉的季节，你就看吧，整个野地全是粉，整个平原全是粉，就连风刮来，空气中也带着甜丝丝的乡间粉的气息。人们叫它——大粉甸子。

粉甸子，这话真形象。你看，漏粉屯子粉坊晾粉，全在甸子上，人们打眼一看，洮儿河谷就成了粉条子河谷。

有要饭的乞丐下屯子要饭，就打起哈拉巴（竹板）说：

打竹板，往前看，

前边就是大粉甸；

进了屯子到了家，

粉条就是俺的妈；

渴不着，饿不着，

上顿下顿是粉条；

老粉匠，心地善，

进屋上炕就吃饭；

吃完去时不空手，

一捆粉条你带走；

大粉甸子住一冬，

一心想见倪尔忠；

粉条离不开倪尔忠，

倪尔忠离不开老关东。

打死我，也不怕，

151

傻子说的是实话。

这期间，大粉匠倪尔忠主管和经营北土所有粉作坊的生产、销售、技术，还有人情往来，他命人从吉林各地请来不少漏粉高手，这倪家粉坊更加名声大震了，可他依然在铁木社做铁工。他这个人，一身的"手艺"，制粉是他的主要工种，什么铁匠、木匠、石匠，他都干。但人们一见面，往往还是叫他"倪粉匠"，这是因为自从他接管了老曲家的粉作坊后，又对粉的漏制手法、过程做了详细的改制，又创出一种新的漏、捞、晾、捆的方式，而且，凡是来买粉的老客，一律上等招待，吃、喝、住一条龙。当年粉坊连接着大车店，或者说，大车店就是粉坊。你看吧，整日里粉坊的炕上不拉桌，开水、冻梨、豆饭、大豆腐，那是日夜摆在那里，来人去客，上桌就吃。下晚躺下就睡，第二天装粉就走，于是这倪家一点点就成了著名的粉匠世家了。

那时节，铁木社的掌柜的也离不了倪尔忠了，他主要是看守"眼床子"（一种专门打眼的车床），这活儿技术性很强，而且"任务"从来很紧。后来，这个铁木社让日本人接管了，这一年，正是日本人要全面发动诺门罕战役之际，他们要打通从白城通往兴安盟的交通要道，要建乌兰浩特大桥，桥上钢架螺丝的活儿都交给了铁厂子，正是由倪尔忠干。那时，他得知日本子要发动这场战争，于是和刘师傅一商量，就故意磨洋工，特别是他们使用机床钻眼时，他故意一下子把眼钻给打了。

"八嘎牙路——"当时一个日本的监督人员岛叶一看，气得骂了起来，上去就给了倪尔忠一顿大嘴巴。

晾　粉

倪尔忠不信这个邪，他上去揪住岛叶，一顿拳打脚踢，把日本人岛叶打倒在地。这下可解了中国人的气，大家欢呼雀跃。这时师傅刘英来了。他故意问："怎么回事?"

倪尔忠把事情的经过一五一十地说了一遍。又加了一句，说："师傅，都是岛叶这小子不好，这钻头是机器跑电停摆打的，可他不问青红皂白，上来就打俺们!"刘英一看时候到了，立刻组织工人罢工。

大伙的行动一下子拖住了日本人的军方行动。

大桥工程完工不了，日本人恼羞成怒，把岛叶这小子给撤了职。可是接下来，发生了一件让倪尔忠做梦也想不到的事。胡力吐老石匠常大爷的儿子常隆基，因为恨日本人，在一次利用给首长长官牵马的机会，刺杀了来突泉县考察的日本军官大佐胡三太郎，一下子被日本人抓住，狠毒的日本人，竟然将常隆基的心挖出，送往当年的新京（今长春）去招摇展示，还有当年抗联英雄杨靖宇和陈翰章的头颅。

对于儿子的惨死，常石匠老人一点不知。不过当时，他听说有一个给日本人牵马的马夫把日本军官给刺杀了，真是高兴。可他万万没有想到，那个号称"红袖刺客"的人，竟然就是自己的儿呀！

事情过去一年多了。那是一个月黑风高的夜晚，一辆大车来到了胡力吐，"吁——！"马在常石匠院门口停了下来，赶车的人从车上跳下来，喊了一声："师傅——！常大叔——！"

老石匠常大爷听到声音，推开门上前一看："呀！这不是倪尔忠吗？"

倪尔忠说："师傅，我特来看你！"

老石匠常大爷说："哎呀，你这是拉的什么？"

倪尔忠说："是一块石头。"

老石匠说："这石头遍山都是呀，你拉这个干啥？"

倪尔忠眼圈红了，他想说什么，可是想了想，把到口的话又咽了回去。

倪尔忠说："大叔，这块石头可不一样，这是我亲手给你凿出的一个马槽子，你好留着用它来喂马、饮牲口，好使着呢。"

154

老石匠上前一看，这个马槽子挺奇怪，好像是一块石碑，上面还刻有日文，他不认得，不过还是惊讶地问："这好像原来是一块墓碑，谁家的玩意儿？"

倪尔忠风趣地说："管它是什么玩意儿，你用来喂马、饮马就是马槽子。"于是，老汉二话不说和倪尔忠一起把它抬到后院的马圈里，从此成了他家祖传的老马槽子。而其实，这真是一块墓碑，谁的？原来它是日本突泉县守备队的那个胡三太郎大佐的纪念碑。为了纪念被常隆基刺杀的日本军官，当时日本人特意用日文给胡三太郎刻了这个纪念碑。可是倪尔忠和乡亲们太恨日本人了，又非常思念这个敢于刺杀日本军官的英雄老石匠的儿子，于是夜里偷偷将这块石碑给扳倒，偷出来，运出来，改成了一个马槽子。一是记着日本子的罪恶，二是纪念常隆基，而老人却一直不知道这件事的底细，只是让牛马在其上喝水。

碑丢了，日本人大发雷霆，但是问谁谁不知，追查又无下落，于是只好不了了之。

白城平原的岁岁月月，大雪依然周而复始地落下，夏秋，沙土狂风依旧吹刮着那茫茫的土地。每年的清明和七月十五，倪尔忠总是借着去往葛根庙、王爷庙、宝力根花等送粉之机，特意来到胡力吐，他要去看望老石匠，而且总是含着眼泪，并要亲手牵来牛马，在那石槽子上给牲口饮水……

在早，粉条子剩不下，一般的作坊一天一千多斤土豆子，老驴、老马，一天拉几百斤，出粉几千斤，一下子把北土的村落打

用胡三太郎大佐纪念碑改成的马槽子

扮成了一个银白的、甜丝丝的世界。

倪尔忠，一个地地道道的老粉匠，现在，在他家的房前屋后，房左房右，甚至房上，不是扣着一口口当年的大缸，地上堆着一堆堆的石碾子，就是墙上贴着、立着一个个石碾盘，到处是粉架子。这儿，是一个粉匠的家，老家。粉条和粉的气息依然包围着老家，渐渐地向四周扩展着一个久远而清晰的历史，最后这种文化和自然的气息便覆盖了整个洮儿河谷和白城平原，消失在北方茫茫的地平线和天边的尽头。

粉匠倪尔忠家的大缸

第五章

民间粉文化集萃

一、粉作坊行话俗语

浆口——指制粉作坊浆水的质量。

撇缸——从粉缸里撇沫子。

居子——一种烧熟的粉子。

扣瓢——指粉作坊干砸了。

水中取财——指干粉匠这一行。

瓢亮——干得地道。

填磨眼——往粉磨里填料。

手插磨眼——指干活背气。

茨软——指粉面子不到时候。

瓢黑——不干良心活。

瓢讲究——这个粉匠很正派。

瓢狠——干活漂亮、利索。

捣小物子——拨锅的人。

点点锅——往锅里加点凉水。

柴火硬点——加点好柴，把火烧旺着点儿。

面醒了——面和好了。

砸粉———种制粉的过程。

抄粉——大碗吃煮粉。

粉坊——加工粉条的作坊。

粉子——淀粉。

漏粉——加工粉条。

粉坨子——淀粉沉淀的块子。

秋粉——秋天做的粉条。

冬粉——冬天做的粉条。

冻粉——冻干的粉条。

沤土豆——秋天做粉条，先把土豆用水沤烂出浆。

冬推浆——冬天做粉条，用磨推土豆使之出浆。

搅缸——搅动缸里沤的土豆。

搅棍——搅缸用的特制木棍。

发——发酵。

捣古碎——捣烂。

撇沫——从缸里往外舀沤烂后出的土豆沫子。

粉浆子——土豆沤出的粉浆。

过箩——用箩筛。

过包——用布包过滤渣子。

粉渣子——过包后剩下的粉渣。

坐清——沉淀。

粉面子——土豆淀粉，俗称土豆粉子。

打坨子——把粉坨子打碎。

粉疙瘩——粉面子中的硬块。

铲粉坨子——用铁铲把粉坨子铲成粉面子。

打芡——揣粉面子。

勾芡——烫粉面子，搅匀。

芡棍——搅芡用的木棍。

兑矾——往芡面里兑白矾。

芡匠——勾芡、打芡的匠人。

瓢匠——漏粉掌瓢的匠人，又叫大粉匠。

试瓢——试试芡粉漏粉条如何。

粉瓢——漏粉用的瓢。

吱扭——不顺溜。

二粉匠——也叫填瓢粉匠。

烧火粉匠——负责烧火的。

翻锅粉匠——负责翻粉条锅的。

叫瓢——大粉匠拍两声瓢，二粉匠填瓢。

点锅——用凉水，倒在热水锅里降温。

大锅粉匠——从凉水锅里往大池子里捞粉条的粉匠。

粉架子——大水池上控水用的挂粉条的大架子。

不粘条——粉条不粘在一起。

不坨粉——粉条不粘成坨。

架棍——挂粉条的棍子，架在粉架上。

一挂——一架棍粉条为一挂。

大粉架子——院子里的晾粉架子，称为大粉架子。

晴天大日——有太阳的大晴天。

粉出溜——掉地上的粉头子。

粉头子——断粉、短粉。

粉窖——装冻粉的窖子。

捶粉——把冻粉上的冰用棍子捶掉。

干枝子——粉条。

粉　棍

二、粉坊歌谣

（一）粉条

锅里走，汽里来，

双手水中去取财。

捞完之后挂出去，

专等一顿棒子挨。

猜不着，别瞎猜，

猪肉一炖人人爱。

这是粉作坊的民间歌谣，也是谜语歌。"专等一顿棒子挨"是指"捶粉"，就是在冬粉冰好后，要按在木板上捶好才能打捆、成包。"猪肉一炖人人爱"，说的是汉民族喜欢吃的一道菜"猪肉炖粉条子"。

粉作坊的人把自己生产粉的过程形象地编了进去，并用猜谜的方式使其在民间流传，给人留下了深刻的印象。

（二）粉作坊歌谣

脍炙人口的粉作坊歌谣很多。

小孩小孩你别叫，

我给你们烧粉耗。

先用秫秆包上粉，

粉匠收粉

再用磨皮儿绕几道。

埋在火里烧一会儿，

马上让你吃粉耗。

（三）打矾歌

揣好的粉和好的面，

大师傅端瓢去兑矾。

矾若大，粉条子差，

粉条又硬还炖不烂。

兑矾少，粉条子软，

一炖烂锅没法铲。

（四）揣粉面子歌

领：撸起胳膊卷起袖喽！

合：卷起袖喽！

领：把手洗干净啊！

合：把手洗干净啊！

领：双手面里揣啊！

合：双手面里揣啊！

领：手在里面翻个个儿啊！

合：翻个个儿呀！

领：大伙使把劲呀！

合：使把劲呀！

领：越揣鼓面越滑啊！

合：面越滑啊！

领：大伙不怕累呀！

合：不怕累呀！

领：转圈使劲揣啊！

合：使劲揣啊！

领：揣一下走一步啊！

合：走一步啊！

领：顺边往前挪啊！

合：往前挪啊！

领：面团子举在空啊！

合：举在空啊！

领：往盆里使劲摔啊！

合：使劲摔啊！

领：摔了一遍又一遍啊！

合：又一遍啊！

领：转了一圈又一圈啊！

合：又一圈啊！

领：大瓢匠快来看吧！

合：快来看吧！

领：揣好了就兑矾吧！

合：就兑矾吧！

（五）试粉歌

自己漏粉自己个和，

自己兑矾自己打芡口，

自己揣好的粉面子出粉多。

漏什么粉用什么瓢，

粉面子揣好没揣好，

瓢匠抓一把面先试瓢。

一看往下漏不漏，

二看漏的粉断条不断条，

三看漏得快不快，

四看锅里窝没窝着，

五看粉条有没有疙瘩，

六看粉条光亮滑不滑溜。

堵飘不漏那是面子干，

漏得细又断条那是面子稀，

再就是芡没兑好矾没抓匀。

（六）漏粉歌

翻锅匠，站锅旁，

手持大筷搅得忙。

水若翻花加凉水，

水若凉了多加柴。

翻锅要往一面翻，

粉坊漏粉

煮熟拉进凉水盆。

二粉匠凉水摆几下，

一绺一绺剪整齐。

拿起粉棍顺空串，

挂在上边控控水。

（七）上瓢

锅头早已将水烧热，

瓢匠接瓢锅台上蹲。

二瓢匠递粉叫填瓢，

老粉匠，有精神。

身子硬，腕子行，

手掌更是有神功。

前不栽，后不仰，

左不摇，右不晃。

那瓢都有十斤重，

一掌一掌不走空。

啪啪啪，真节奏，

又悦耳，又好听。

掌不红，又不痛，

掌掌都拍瓢正中。

要叫瓢，拍两声，

填瓢的赶忙填瓢中。

三、粉的文化象征

其实生活中的任何物体和载体都有自己的价值，这是因为生活中使用它时这种价值便产生了，而有些却具有独特价值，是别的载体所代替不了的，粉条就是这样。由于粉具有丝状，又由于粉在制作时其实是一根根，长长的，连绵不断，于是人们在思想和精神上就对它有了一种寄托，我们称它为民俗延伸。

民间粉坊

民俗延伸，是指人们在生活的过程中不断地将人自己的一种思想和观念加入一种载体，从而形成一种看法，并被生活与社会所认同和接受。其实文化、民俗、传统，就是这样一点点，一步步，经过人类自己的实践逐步形成并传承。由于粉具备了许多人们可以联想的条件，于是粉便成了人们生活中许多精神和思想的表述载体。

（一）相连粉

粉有一个别名，叫相连粉。

在中国和东北民间，闺女如果嫁人，离家去往婆家时，亲生母亲要给女儿带"离娘肉"和"相连粉"。这相连粉就是将一把粉条用红绳系上，交给女儿，是说虽然你走了，但是你和娘及娘家人的情，就像这"粉"一样，相连着，永世不断。在这里，是取了"粉"的制作形象"不断条"和粉条的"顺"之意。这是表达人思想的最好载体。

（二）长流粉

这是粉的又一别名。

长流，又指长"溜"和"留住"，又指"流动"，不停不断的一种情感和思想，这是从"粉"各种特征中表达了人的希望和祈求。

在东北民间，走亲戚，会朋友，小辈去见老辈人，特别是亲戚之间，一定要带粉送粉，这叫"长流粉"。这表明了人与人的关系的长久相连，不断不停，长久来往之意。这种时候，粉已成为人们表达思想的载体和行为了。

（三）祭祖物件

中华民族是一个尊重自己祖先，不忘先人和祖先的文明和充满礼仪的民族，从前，每逢年节家家都要供祖谱。祖谱又叫"家

粉坊粉条

谱"，又分谱书、谱本、谱画等等。而在年节或家族的重大纪念日上谱（挂或摆出谱）时，要先供谱，供谱非常讲究供品。

　　中国民间的祭祖供品十分讲究，要有饭和菜、水果、糕点等等，但其中要必备粉。供品的粉制作方法也多种多样，如煮粉、炸粉等等。从前的人家，生活都不富裕，而用粉来祭祖供谱便成为非常重要的一道菜品了。如果用油炸粉，粉条一膨胀，一下子就成了一碗，满满的，香香的，黄乎乎的，又好看，又实惠，是北方民间上供的重要物品。

同时，粉条又是"白事"（丧葬活动）必不可少的一种物品。如供在棺椁前或坟前的祭菜，包括给来办事的人员的菜中也必不可少。这种活动中的菜叫"黑白菜"，主要就是以白菜、木耳、干豆腐、粉条为主，所以它又成了人们平时生活和特殊活动时的必备物品。

（四）百姓的民俗指向

不知不觉中，粉条已成为人们生活中用来表达理想和希望的一个重要载体了。如在人生的头等大事——婚姻大事中，只要二人成婚合成一家，讲究双喜临门送四合喜礼，而四合喜礼必备四合礼，这四合礼就是相连粉、天地酒、富贵葱、离娘肉。有的是在宴会上送，作为结亲的一个重要环节；有的是在宴会后送，由娘家带回；也有的是提前一天送。但必须得送，不能落下这个过程。

一般是男方家，他们大都选粉条、白酒、大葱、猪肉四样，作为必备品送给女方家。天地酒，表示爱情永恒，天长地久（酒）。富贵葱，表明生活充裕，后代聪慧；大葱要八根，均匀分成两组，指好事成双，孩子聪明伶俐。离娘肉不用说了，女儿是娘身上的"肉"，被人娶走，骨肉难离，但早晚要"离娘"，所以以此来表示安慰和补偿娘的养育之恩，这样娘的心情或许能好起来一些。相连粉的重要意义是概括性，指从此两家如"长流粉"一样，情丝不断，常来常往，青山常在，直到白头，永远牵手。

四、粉的饮食文化

粉条这种食品，在经过人们和工匠精心制作后，它便成为人生活中不可缺少的一个载体了，而且已进入和参与了人的物质生活和精神生活，并且有自己独立的代表性，因此它也成为一种文化了。

在古老的生活之中，民间有"民以食为天"这句话，是指人类生活如天一样重要，民间二人见面，往往客气地问"吃了?"对方要答吃或没吃。这是人的一种生活行为，一种品质，表示人对人的关心，客气，尊重对方，这已成为民俗的代表。粉条的出现改变了人们的饮食需要，使菜肴和饮食出现了重要特色，使用粉条来制作的"菜"在东北民间已占据了生活的重要位置，并有多种菜已形成精品和名品，我们称为饮食文化。

（一）猪肉炖粉条

在中国的北方，从前一家子人一年养一口猪，要等过年时才舍得杀，是为了迎"年"，也为了留着一年中改善生活时吃上一口，所以一到杀年猪时，就必须要全家来吃，还得把村里的亲友、老人一块儿请来吃一道菜，这道菜就是猪肉炖粉条。这个菜，那是人人想吃，家家会做，大人小孩都爱吃。主要是将猪肉肥瘦相兼，肥的居多切下，先上锅炒一下，待熥出一些油后，放上葱花、酱油（从前就是大酱），然后填水，下粉，开炖。

粉要多下，炖的时间要长，一般在一个小时左右。这种炖粉，肉的汁已充分浸进了粉中，那粉已呈透明、金黄，挑夹起以后透过阳光一看是金黄的，这叫"扛炖粉"，才能炖成这样。

这道菜，大人小孩极喜欢吃。而且每年过年，必吃无疑，这也是民间的大菜、重头菜。增加营养，解馋抗寒，吃后可以自然走入户外，并且已不惧冬天严寒的袭击，因为身上增加了奇特的能量。

这是关东山的一道名菜。能上得酒席的一道名菜。

关东山人豪爽，大气，大块吃肉，大碗喝酒。关东人实诚，也不用煎五炒六的，每盘那么一点，没伸几筷子，没了。来客人，大肉块子和粉条子一炖，一端一大海碗，吃吧，管够造！一碗不够，再来一碗。喝个天旋地转的，吃个沟满壕平的。

（二）小鸡蘑菇粉

在东北和中国民间，这道菜是重要的身份菜，而且必须是在请重要客人时做，所以又有"女婿上门，小鸡没魂"这个说法。小鸡炖蘑菇时粉条是必不可少的。当用肉去炖时，其实粉和蘑菇已成了重要角色。这时的粉，已无比好吃，有肉味儿，还有蘑菇味儿，都是生活和山野的本味儿，所以人人喜欢。

小鸡炖粉条子，是年节的名菜，是待上等客人的名菜，是几百年来都不下桌的一道菜。小鸡炖粉条子，今天，也是宴会上的一道美味。

（三）渍菜炒粉

渍菜，就是指酸菜，是说这种菜是"渍"出来的。

在东北，冬季漫长，生活中人们发明了冬贮菜的办法。就是除了挖菜窖将鲜白菜放进去贮存外，还要将白菜在秋后入冬放入缸中，放上水淹贮，使其变酸，这就是渍菜。这种渍菜民间叫酸菜，最好吃的方法就是炖粉、炒粉，其中将渍菜切成丝，放上鲜猪肉，再将泡好的粉与其炒在一起，称为渍菜粉，是最好吃的一道东北菜。当酸菜的酸（氨基酸）与粉的钙、镁、铁、钾、磷和钠等混在一起时，产生了新的维生素，是上等菜肴。酸菜切成细丝炒粉条，取名渍菜炒粉。此菜下酒极佳。

（四）酸菜炖粉条子

酸菜炖粉条子，是关东山地方的一道特色菜。

酸菜，是关东山特有的冬贮菜。

酸菜的做法、吃法多种多样，又各有特色。

酸菜扛炖，粉条子扛炖，两样炖在一起，还挺对路的。

酸菜炖粉条子，酸菜的酸味就小了。

酸菜炖粉条子，粉条带点酸味，还挺好吃的。

酸菜炖粉条子，加点土豆，就成了另一道菜，酸菜土豆炖粉条，又有另一番风味在里头了，是农村的大众菜。

（五）萝卜丝粉条汤

在东北民间，大萝卜是人们生活中必须要食用的蔬菜，如果切成丝与粉条制成汤，俗称萝卜丝粉条汤，人们更加喜爱。萝卜补气，提气，粉条顺口，滑溜，二者煮汤，是饭桌上必不可少的一道生活菜、营养菜、时令菜。

（六）白菜粉条汤

大白菜是北方平原的招牌，人们不可三日不食白菜。在白菜的多种吃法中，以白菜粉条汤为最佳。白菜与粉条一炖，大地的清纯和粉条的滑溜，让人放不下筷子。这叫"连吃带喝"，符合人生活的习惯，这时粉条成了重要角色。

（七）抄粉

其实，粉条就是不加任何物料，它本身就是菜，如"抄粉"，就是煮粉，干煮。待粉已煮到滑溜透明时，捞出盛在碗里，然后根据食者的习惯和口味，自己放上盐酱、葱花、海米、香油、姜末或者其他调料，一拌就吃。

这种吃法在民间非常常见。其实这是来自于粉匠自己。粉匠在劳作时，往往一累一饿，便吃抄粉，于是这种"抄粉"吃法就变成一道菜了。

（八）凉拌粉

粉，其实有多种吃法，不但煮、炖吃着好吃，就是凉拌也别具风味。就是将焯好的粉放入凉水中投凉后捞出，放入各种调料，成为餐桌上一道不可缺少的迎客菜。喜欢吃辣口的就放点辣椒，又叫麻辣粉。真是好吃极了。

吉林是吉菜的诞生地，在古时就有宫廷菜、八大碗和满汉全席，都离不开粉，这是因为吉菜讲究味儿厚，偏重鲜、咸、辣、酸，取料鲜活，崇尚滋补，形成了天然、绿色、营养、健康的饮食概念，这就使粉条成为关东特色菜的重要角色了。

（九）野猪肉炖粉条子

关东山有土豆粉。

关东山还有地瓜粉、小豆粉、绿豆粉、紫豆粉、黑豆粉等等。

关东山粉条谁都说好吃。

关东山粉条拿关东话说，贼拉拉的好吃。老关东时代野猪多，吃野猪肉的人比吃猪肉的人要多。猪肉炖粉条子是关东人喜欢吃的，那野猪肉炖粉条子，更是关东人喜欢吃的。野猪肉炖粉条子有股特殊的野牲味，这股子野牲味，才独具特色。老关东人，时不时地想着野猪肉炖粉条子，常常念叨着野猪肉炖粉条子。只可惜现如今，很难吃上野猪肉炖粉条子了。如今也有野猪肉炖粉条子，是老关东野猪肉炖粉条子那个味吗?

（十）狍子肉炖粉条子

狍子肉炖粉条子，美味，真是一道美味。

老关东狍子多。割柴火能轰起狍子，采山菜能碰上狍子，捡蘑菇能遇上狍子，串门走亲戚能看见狍子，井台上撵过狍子，院子里进过狍子。亲友、邻居上山打围打到狍子，回来分给一块肉，这是打围的山规。

赶集时，卖狍子肉的比卖猪肉的多。

狍子肉炖粉条，关东人谁都爱吃。

狍子肉炖粉条，是一道野味菜。

（十一）野鸡炖粉条子

关东又一道美味，野鸡炖粉条子。

老关东野鸡多。枪能打到野鸡，药能药到野鸡，套子能套到野鸡，车老板大鞭子能抽到野鸡。关东真是"棒打獐子瓢舀鱼，野鸡飞到饭锅里"。在集市上，卖野鸡的比卖家鸡的多，这是一点也不来玄的。

宁吃飞禽一口，不吃走兽半斤。

野鸡炖粉条子，那是飞禽野味，关东人谁不爱呀！

（十二）蛤蟆炖粉条

美味！关东的又一美味！

蛤蟆，满语叫蛤什蟆，学名叫东北林蛙。

蛤蟆炖粉条，是满族的一道很古老的名菜。一直流传到了今天。

蛤蟆抱丸子，也是满族的一道名菜，可惜现在已经失传，无人会此绝艺。

哈什蟆，清明出河交配，产卵后上山，头场霜后下山入河。

春天哈什蟆满肚子是籽，秋天的蛤什蟆满肚子是油。这两季的蛤什蚂特别好吃。

蛤什蚂炖粉条，已是山珍美味了。

蛤什蚂炖粉条，加点大酱，更有独特的风味。

（十三）炒粉条子

干巴登的炒粉条子，也是一道好菜。

炒粉条子，民间还叫炒干枝子，因为粉条的别名叫干枝子。

炒粉条子很好吃，小孩子们特爱吃，吃起来没个够，吃了上顿要下顿。

炒粉条子，也是挺好挺好的下酒菜。有了炒粉条子，就是自个儿独酌独饮，也能多喝上二两。

（十四）大白菜炖粉条子

关东山霜降秋贮大白菜，称为黄叶白，作为冬春两季的一种主菜。

大白菜是农家的一种好菜，熬白菜是一种主要的吃法。

大白菜炖粉条子，也是关东的一种常见的菜。

大白菜炖粉条子，有人戏称为二白菜，因为大白菜是白的，粉条也是白的。

大白菜炖粉条子，也是大车店、行人店里的家常菜。

（十五）大白菜豆腐炖粉条

大白菜、粉条子，又多加了一样豆腐，民间有称之为三白菜的，三样菜都是白色的。

大车店里、行人店里的常菜。主食配上大煎饼，车伙子、跟包的、行商、小贩们是管吃不够。

农家吃上大煎饼、大白菜豆腐炖粉条，那也是好饭食，也是管吃没够。

（十六）酸辣粉

关东山人发明的酸辣粉是没错的。

酸辣粉是一种汤，又酸、又辣、又滑、又烫，喝上一碗直冒汗，出完汗也特舒服。

大人爱喝酸辣粉，爱吃酸的、辣的，小孩子也爱喝酸辣粉。小孩子喝起来，连饭都不吃，提里秃噜造上一大碗，喝个肚子圆才撂碗儿。

（十七）粉条汤

粉条也能做汤，粉条做汤味还真不错，小孩子们可爱喝了。

爱吃酸的，在粉条汤里加点醋；爱吃辣的，在粉条汤里加点辣椒面；爱吃咸的，在粉条汤里加点盐。口味自己调。

（十八）粉条包子

有猪肉包子、牛肉包子、羊肉包子、驴肉包子，还有白菜馅包子、酸菜馅包子……

还有一种包子，必须先把粉条用开水泡好，然后拌上肉馅和调料。

粉条馅包子，别有风味。

（十九）粉条饺子

有了粉条包子，当然就有粉条饺子，但粉条饺子不容易煮。

（二十）其他

还有海带炖粉条、冻豆腐炖粉条、凉拌粉条等等，粉条的做法多种多样。

怎么吃粉条的都有。特别要提起的，还有两样。

一是祭祖，敬先人摆供的粉条供花。粉条油炸后膨起，染上红、绿色摆上如花枝，鲜艳好看。

二是红白喜事必不可少的酥烩汤。粉条油炸后勾芡，配上绿叶，这是民间喜爱的一道汤菜。酥烩汤，时至今日，也是宴会上经常上的一个汤菜。

后记

长长的过往

在古老的白城平原和洮儿河谷，粉条是黑土地的精灵。

千百年来，这里的人们依靠这种手艺而活，并创造了生动的传奇和故事。我们在传统村落的立档调查过程中，发现了这个村落极其生动并具有自己的特色，并在刘局长和赵书记的带领下，我和姜山老师、邱会宁老师一起走进了这个古老的村落，拜会了近百岁高龄的老粉匠倪尔忠。

老粉匠的口述史把人们带进了神秘、神奇的岁月，他的一生就是黑土地的传奇，就是粉条的传奇。他把自己的生活深深地融入了这片土地，以至于今天，人们每当吃到粉条，就不能不提到倪尔忠。这恰恰使人想起了生活与文化的关系，其实"人民"二字不是简单的符号，他们是有情感，有爱憎，有喜怒哀乐，也有自己内心的矛盾和挣扎。我们的文艺要热爱人民，而热爱人民就要扎根生活，深入生活，这才能从生活的深处打捞出生动的故事和记忆。

我们的传统村落立档调查，恰恰是在实践着总书记所说的"看得见山，看得见水，记得住乡愁"的指示。同时村长文化论坛恰恰是连接了村落的文化、人民的述说、遗产的内涵，我们将通过这种专题性的调查收获和论坛将村落的文化保护下去，传承下去。粉条村是真正的生态文化村，人们来到了这里，真正看得见山，看得见水，记得住粉条村的乡愁。这个古老的有特色的黑土地粉条村也必将成为吉林和中国最美丽的传统村落。我们深深预祝它的明天更加美好。